東北大学出版会ブックレット　001

若き研究者の皆さんへ

―青葉の杜からのメッセージ―

花輪　公雄　著

東北大学出版会

Messages to Young Scientists
Kimio HANAWA
Tohoku University Press, Sendai
ISBN978-4-86163-264-8

はじめに

東北大学理学部天文及び地球物理学科第二（地球物理学教室）に、海洋物理学講座が設置されたのは、一九七一年四月のことである。地震学、気象学、地球電磁気学の三講座に次ぐ四つ目の講座であった。地球物理学教室内の海洋物理学講座としては、国内では京都大学、東京大学に次いで三番目の設置である。

この講座の初代教授として、京都大学理学部助教授であった鳥羽良明先生（現東北大学名誉教授）が招かれた。鳥羽先生は、以来一九九四年三月に定年ご退官されるまで、二三年の長きにわたり講座担任を務められた。

私が東北大学に入学したのは、一九七一年であるから、ちょうど講座（以後、研究室と表現）が設置された年と同じ年である。そして四年次学生として研究室へ配属されたのは一九七五年四月のことである。一年余計にかかっているのは、教養部で三年過ごしたからである。

さて、一九九四年四月、私は鳥羽先生の後任の教授として研究室の運営を任された。このとき、鳥羽先生が、研究室や海洋物理学グループの年度初めの顔合わせ会のときに、毎回テーマを決めて話してくださったことを私も続けようと考えた。そして、その場で話しておしまいではもったいないと思い、話の内容を八〇〇字程度の文章にまとめて配布することとした。後にこれらが何十編か貯まったところで、「若き研究者の皆さんへ」と題して研究室のウェッブサイトへ掲載した。さらに、二〇〇二年からは毎月、ウェッブサイトへこのようなエッセイを掲載することとした。顔合わせ会で配布したエッセイにはその日付を、それ以外のエッセイではその月の最後の平日の日付を記した。執筆は、研究室を離れることになった二〇一二年三月まで続け、その最後のエッセイは一八四編目であった。

本書は、この「若き研究者の皆さんへ」の中の一九九四年四月から二〇〇六年三月までの九一編のエッセイを収めたものである。今読み返すと、特に初期のころは、とても緊張して、そして肩ひじ張って書いていることがありありと分かる。また、今となっては、気恥ずかしくなるような表現や喩えも出てくる。しかしながら、一つひとつのエッセイを、研究室の学生の皆さんに何らかのメッセージを伝えたいという思いで記したことも確かであるし、その当時そのように考えたことも事実である。すべてが私の足跡である。そこで、本書にまとめるにあたっては、事実認識の誤りなどの修正にとどめることとした。

本書を刊行するにあたって、東北大学出版会に大変お世話になった。また、大石亜依さんに挿絵をお願いしたところ、快く引き受けてくださった。鳥羽良明先生をはじめとする研究室の諸先輩、同僚、支えてくださった職員の方々、そして巣立っていった学生諸君も含め、お世話になった皆様に、感謝の意を表したい。

本書を手に取ってくださった皆さんに、なにがしかのメッセージを伝えることができるならば、著者の望外の喜びである。

二〇一五年五月四日（みどりの日）

青葉の杜の研究室にて

花輪　公雄

目次

1　研究とは自分で問題を作り、自分で解答を書くことである

研究とは「自分で問題を設定し、自分で解答すること」である。したがって、研究を遂行する上で、重要なことが二つある。先ず、いかに大事な問題を作ることができるかであり、次にいかに見事にその問題を解くことができるか、である。

そんな人はどこにもいないのだが、もし「1＋1はいくらか」という問題を作ったらどうだろうか。小学生でも分かるこの問いは、研究として成り立たないことは言うまでもない。研究が成り立つためには、これまで誰も解いていない問題を作る必要がある。また、その問題が普遍的であればあるほど良い問題であると言える。たとえローカルな事柄を扱っても、どこにでも応用できるものであれば、良い問題と言える。そして、ここで気にしなければならない大事な要素は、ある時間の範囲内で解ける問題であることである。例えば、修士課程は二年という年限がある。このとき、数十年かかるような問題を作ったらどうであろうか。この問題は修士論文としては不適切なものと判断せざるを得ない。簡単な問題がいいと言っているわけではない。ある問題を解くためには、その問題と時代（研究状況）との幸福な出会いが、必要なのである。

さて、問題ができたとしよう。次に大事なことは、それをどう解くかである。ここでも人を感心させる解き方をしなければならない。できるだけ、シンプルに、分かりやすく解く必要がある。例えば、方程式を扱う理論的な問題設定では、できるだけ解析的に解くことが望まれる。数値的に力で解いてしまう前に、検討すべきである。問題をどのように解いたかが、また、人を感心させるのである。

以上のことは、その分野のそれまでの研究を、十分知ってこそ可能となる。大学までは、主に試験という形で、他人の作った問題を解いてきた。これからは、自分で問題を作り、自分で解くという、一人二役を行うわけである。この点を踏まえ、人の心を打つ、立派な研究を行って欲しい。

（一九九四年四月四日）

2 「一点突破、全面展開」ということ

私の好きな言葉に、「一点突破、全面展開」というものがある。この言葉は、一九六〇年代後半に盛んであった学生運動や反戦運動などでよく使われていたスローガンである。残念ながらその言葉の由来は知らない。使われていた当時の意味は、「権力」と対峙したとき、どの戦線でも、いかなる機会でもいいから、先ずは権力との闘争に一回勝てば、その結果、すべてのところで攻勢に転ずることができる、というものであった。

余裕が無い状態で高い山に登るとき、脇目も振らずに一歩一歩登って行くことがある。足元の確保にのみ気をとられ、まわりの景色を広く見渡すこともできず、不安になることもある。それでもいつしか頂きに立つことができる。そこからは自分が歩んできた道を確認でき、頂きを正しくアタックしたかどうかが分かる。そして、広がる裾野全体も、また、山並も遠くまで見渡すことができる。

修士課程で一心に研究を進めることは、この山登りに喩えられる。その時々の研究にのめり込み、その途中では、自分の課題がその分野の研究にとって重要なものであろうか、問題へのアプローチの仕方が間違ってはいないだろうか、昨日より今日が確かに問題解決に近づいているのだろうか、等々疑問だらけである。このような不安を抱えつつ、研究を進めているのが現状であろう。

しかし、作業を終えて研究のまとめが済んだあとは、自分が取り組んできた分野の研究が、突然よく見えるものである。また、自分の分野と同様他の分野の研究の動向や研究の進め方も、以前に比べてはるかによく見えてくる。分野間で研究手法が大きく違うことは希であり、その分野の知識を持たずとも、何が大事であるかが判断できるようになる。私にとって、まさにこれが「一点突破、全面展開」という言葉の意味である。

とりあえず一旦テーマが決まったら、がむしゃらに研究を進めて欲しい。若い研究者にとって大事なことは、先ずは「一点突破」なのであるから。

（一九九四年四月一一日）

3　急がず休まず
それでも「一年の計は元旦にあり」

　どのような理由にせよ、新しくスタートをきることができるのは嬉しいことである。新しい年を迎える、新しい年度を迎えることは、やはり気が引き締まる思いである。

　さて、年の始めに当たっては、「今年はこんな年にしよう」と誰もが考えるであろう。「一年の計は元旦にあり」などとも言われる。大学の年度は四月に始まるのであるから、今まさに各自が今年度の計画を立てているのではなかろうか。

　ところで、私たちは、計画は立てたものの「三日坊主」になりやすく、壮大な計画も挫折しがちであり、素晴らしい計画も絵に描いた餅となる。その結果、自分の持続性のなさ、至らなさを思い知らされ、自分で自分が嫌になる。

　とは言うものの、それでもやはり計画を立てる、あるいは見通しを持つことは重要なことであろう。それには、肩ひじ張らず、そう気張らずやることが肝要かも知れない。次のような考え方でやったらどうだろうか。先ず、今日やることを決め、また、明日やることを考える。さらに、ここ一週間でやることを考え、そして、ここ一か月、ここ一年でやることを考えるのである。短い期間でもいいから何回もやり直すのである。このとき、計画の変更は当然のこととして受け止めよう。

　「急がず休まず」（ゲーテの詩の中の言葉）、一歩一歩、歩めば、確実に遠くまで行ける。天空の星達の一日の歩みはほんの少しであるが、いつの間にか夜空に輝く冬の星たちは、春の星たちに変わり、そして夏の星たちに変わる。遠い道のりも一歩一歩の歩みから始まるのである。

　計画を少しでも実現に近づける一つの実用的なやり方は、それらを紙に記して残しておく、というものではなかろうか。日誌や日記とは言わないまでも備忘録で十分であろう。自分の考えや行動を記しておくことで、後で振り返りそれを今後の踏み台にすることができる。


（一九九五年四月四日）

4　急がば回れ

物理を研究しているある人のエピソードを読んだことがある。彼は、ある研究を成就させるためには、コンピュータの開発が本質的であると思い、以来コンピュータ開発の仕事を熱心に始めたそうである。

私たちはあるひとまとまりの研究の到達点を決めるとき、どのようなアプローチをするのかも考える。もちろん、最初はまっすぐな最短の道筋を考える。しかし、その過程でクリアすべき多くのステップがあることに気付く。また、やり始めるとさらにもまして、その道筋ではやれないことに気付く。そこで、差し当たりの目標をずっと手前に置き、それをクリアする努力をする。初めの目標からは、一見するとベクトルが横に向いているようにも見える。ひどいときには、同じ土俵に乗っていないと思えることさえもある。しかし、それらを一つひとつこなしていって、初めて目標を達成できるのである。

目的地が、険しい山の向こうにあるとしよう。山を越えて行けば距離的には近いが、それなりの準備が必要となる。一方、麓を回りこむ道は、道のりは遠いが大きな障害は待ち受けていない。さて、どの道を選択しようか。おそらく一般的な答えはなく、それはときと場合によるのであろう。確かに、時間をかけて準備を周到に行い、一気に険しい山を駆け登る場合も必要である。こうすることで次のもっと険しい山をアタックする実力を養うことができる。しかし、一方では、ときには回り込むことを潔しとする考えを持つことも必要ではなかろうか。まさに「急がば回れ」である。遠回りの道に、面白い題材を見つけることもある。

私は、最初に述べたエピソードの帰結を残念ながら知らない。彼は、最初に考えた研究を成就できたのであろうか。私自身はこのエピソードは行きすぎであると思うし、感心もしない。とは言え、「目標成就のためには何が必要で有効か」をよく考えることが重要であることを示す一例である。

「一点突破」のやり方も様々であってよいのである。

（一九九五年四月十日）

5 色眼鏡で見ること

「人を色眼鏡で見てはいけない」とは、その通りであろう。「色眼鏡で見る」とは予断と偏見で物事を見ることであり、一般的には決して良い意味では使われない。しかし、研究を行う場合には、まさにこの「色眼鏡で見る」ことが重要なのではなかろうか。

データを解析する仕事を考えよう。「心を空《むな》しゅうし、じっと見つめれば自ずとデータが自然の法則を教えてくれるのだ」とは、私の知っているある先生の主張である。確かにそういう面はあるだろう。しかしそれは、研究者自身に十分な実力が具わっていなければ成り立たないような話である。

私は次のような立場を取っている。実際に作業を進める前に、先ず、それまでの知識を総動員して仮説をたてる。そしてその仮説通りにデータが振る舞っているのかを順序を追って調べるのである。そのため、私個人のやり方であるが、あるテーマを決めたら、実際に作業に入る前にその研究の枠組み作りをする。つまり、研究のモチーフ、したがって、これまでの研究のレビュー、扱うデータの選択、解析方法、期待される結果、結論（研究の達成目標）等を予め考え、それを書いてしまうのである。まさに「色眼鏡」をかけて、データを見るのである。もちろん、実際に研究を進めていく過程で、大きな誤算に出会ったり、予想だにしなかった思わぬ方向に進展することも多い。それでも漠然と当ても終点もないまま走るよりはずっと効率的ではなかろうか。

データ解析の例を挙げたが、理論や実験的な研究では、この仮説の重要性はもっと顕著である。

再度繰り返せば、「色眼鏡」で物事を見ることは、それまでに得ている知識や自然の法則を頭に入れ、私たちの分野で言えば、大気や海水を頭の中で自由に振る舞わせて仮説を作り、それが実際に実現しているのかを、データや数式・実験に見ることである。まさに研究を始める前の「思考実験」が重要なのである。

碁で言えば、大局観を持ちつつ打つことに当たるのであろうか。

（一九九五年一〇月六日）

6　表現するということ

外国出張のときは様々な国から来た人と英語で話すことになる。通常の会話はいいとしても、会議のとき、あるテーマで議論が進んでいてその微妙なニュアンスが分からず、また、自分の考えがあっても英語のいい表現が出て来ず、口を挟めない事態になることがある。沈黙して過ごさざるを得ず、まったく惨めに、そしてつくづく自分が会議に参加している価値がない、と思ってしまう。聞いているだけでも勉強になり情報が入ってくることは事実であるが、会議に出席することの価値は、そこにあるのではない。発言を通してより議論の内容を高めることに参加してこそ意味があるのである。事情によっては沈黙は金なる事態も出てくるであろうが、先ずは例外である。

普段の生活においても、思っていること考えていることを表現してこそ互いの意思が通じあえる。一つの共同体を作っているなら、みんなの気持ちを分かりたいものである。そのためには、各人が様々な機会に自分の思っていること、考えていること、意見といったものを言葉で表現することが肝要である。以心伝心（無言のうちに互いに心が通じあうこと）とは崇高な言葉であるが、機能する機会は少ない。先ずは会話を始め、自分を表現してみよう。会話の中に、自分に対しても他人に対しても思わぬ発見があるかもしれない。会話は、お互いが認め合う最初のステップなのである。

研究においても似た事情がある。自分が行ってきた研究を文字にして印刷しなければ、科学に新しい一ページを加えたことにはならない。よく学会で、他人の発表に対して「自分も同じようなことを考えていた」とか、「昔同じことをやった」などと言う人がいる。それがきちんと印刷されたものとして残っていれば、確かにそれは尊重されるのは当然であるが、そうでなければ残念ながら話にならない。それが私たちのコミュニティのルールなのである。努力を積み重ね多大な時間を費やした研究という結晶も、文字で雑誌等に印刷されてこそ、初めて価値がでるのである。論文になって初めて形になる、と考えていただきたい。

（一九九六年四月十二日）

7　先ずは「my ocean」、自分の海を

外国で行われたあるシンポジウムにおける数値モデラー（1）同士の質疑の中の言葉である。「your ocean ではそうなるようだけれど、my ocean ではそうはならない…」この「my ocean」という言葉に大変感心してしまった。数値モデラーであるので、自分で自分の海を設定しなければならず、それを指して「your ocean」、「my ocean」なる表現をするのは理解しやすい。しかし、数値モデラーでなくとも、海洋研究者は個人個人が「my ocean」、自分の海を持つべきなのであろう。それは次のようなことである。

海洋を研究対象としようと決めた私たちであるが、実際に研究テーマを決めることはそう簡単ではない。あれやこれやと、迷いに迷う。今何が問題で大事なのだろうか、このテーマで研究を進めて面白くなるのだろうか、発展性はあるのだろうか、等々。そのようなとき、先ずは「my ocean」を頭の中に作ってみてはどうだろうか。そして、自分で「my ocean」の中を漂ってみたらどうであろうか。それまでに蓄積したすべての知識と培った応用の力を武器に、自分は海の何が分かり、何が分からないかを明らかにし、何を一番知りたいかを問うのである。その作業の中で「こだわり」たい対象が見つかったなら、それが自分の最高の研究テーマとなるのであろう。

アメリカの若手研究者は、コミュニティ（学会）で一番問題となっている、いわゆる流行のテーマを選ぶ人が多いようである。極端な競争社会であるから、みんなが関心のあるテーマを選び、一刻も早く解いて公表することで、研究者としての地位を確保しようとするからである。したがって、似たようなテーマの論文が一挙に公表されることになる。もっとも、このような動きがあるから、アメリカでは研究の進展が速いことも確かなのだが…。しかし、こだわりがないままに目先のテーマを追う研究者は、やはり大成しないように見える。

個々人が「my ocean」を持って欲しいという私の願いは、みんな持っている海への「こだわり」を大事にして欲しいということに他ならない。

（一九九六年十月七日）

【注】

1　数値モデラー
海水の運動や状態を表わす数式を計算機を使って数値的に解くことで、その振舞いを考察することができる。この数式などの一まとまりのものを数値モデルと呼び、この手法を用いて研究する人たちを数値モデラーと呼ぶ。

8　幸運を呼ぶためには

あの人は運がいいのに私は悪い、と嘆く人は多い。科学史上でも、単に運が良かったからと思えるような世紀の大発見や出来事も多い。

古生物学者J・ワルコット（1850-1927）は、一九〇九年、カナダのロッキー山脈を馬で移動中、馬が石につまづいたので馬を下りた。このとき、彼は山道の傍らに良質の化石を見つけた。これが、生物発展史を大きく変えた「カンブリア紀の生物大爆発」の発見に繋がる出来事であった。

昨年の五月、つくば市一帯に隕石が多数落下したことがあった。この隕石の一つを採集して、表層部に残留しているガスを検出して分析した研究者がいる。このガスの分析結果は、惑星の起源を知る上で極めて貴重な資料らしい。この研究者は、火の玉がつくば市方面に飛んでいったとの報道を聞いて、隕石と直感し、いち早く東京から車を走らせ、そして見つけた隕石を持ち帰りすぐに分析したのだそうだ。隕石のガスの存在は既に推定されていたが、実際に検出されたのはこれが世界で初めてのことという。

この研究者にとってこの出来事は単に偶然で、まったく運が良かっただけなのだろうか。確かに、隕石の落下はこの研究者と全く無関係の出来事であり、すぐに分析できる距離に落下してくれたのは幸運以外のなにものでもない。しかし、世界初のガス検出に導いたのは、この研究者の日頃の研鑽のたまものであろう。言い換えれば、この出来事を幸運に変える実力を養っていたのではないか。ちなみに、先に記した化石の発見者ワルコットは、古生物学では既に著名な研究者であった。だからこそ、目の前に突然現れた化石の重要性に気づき、ついには世紀の大発見に至ったのである。

つまり、これらは単に運が良かったでは済まされない出来事と私には思えるのである。運を活かせる実力、日頃からの力の貯え、研鑽があって、初めて結果として幸運な出来事に転化しているのである。私たちの回りには、幸運となりうる出来事や物がいつもころがっているのであろう。それらを活かすことのできる人が、幸運を呼び込める人なのではないか。

（一九九七年四月三日）

9　それも「一局」ですね

将棋の数え方は「局」である。プロ棋士は将棋の決着がついた後、必ずその将棋を振り返って、どの手が良かったのか（勝ちにつながる妙手）、どの手がまずかったのか（負けにつながる悪手）の検討を行う。いわゆる感想戦である。プロの将棋では、誰が指しても数手から一〇手くらいは同じ道をたどるような場面の他に、一見すると複数の手の候補があり、それらの優劣が付け難いような場面があるという。もちろん、本局ではある決断の後、それらのうちの一手が選ばれて指されたわけである。感想戦ではその辺りに多くの時間を費やして検討される。様々な手を繰り返し検討している中で、ある場面で別の手を指したのであれば、本局とはそれ以降全く違う将棋になってしまう手もあるような場面で、「それも『一局』ですね」と表現するらしい。

私たちの人生でも（大げさであるが）、そのような場面に出会うときがある。本当の事は実際に歩んでみなくては分からないのだが、どれも素晴らしい道に見えたり、あるいはどれも茨の道のように見えるようなときである。どれも良さそうに、あるいはどれも悪そうに見える場面で、複数の道の中から一つの道をどう選択すれば良いのだろうか。結局は当たり前の事だが、何が自分にとって価値があるのか、何を自分は一番したいのかを、その場面、その場面でじっくりと問い直す事なのであろう。

私事で言えば、今まで歩んで来た道が当然・必然であって、今のようになりたかったから何も迷いがなかった、などとはとても言えない。今の自分が一番良い選択をしてきたなどとも、とても思えないのである。多くの分岐点が過去にあって、そのときそのとき、ある決断をし、あるいは流されて、今ここにいるのである。あのとき別の選択をしていたら全く別の、思いもよらない道を歩んでいたであろうと思える場面が幾つもあった。これも「一局」の人生であるが、それも「一局」ですねの人生であったろう。

さて、あなた方は、それも「一局」ですねの場面に、今度いつ出会いそうですか。そして、そのとき、どう対処するつもりですか。（一九九七年四月一〇日）

10　たとえ「パンのため」であったとしても

私の恩師である鳥羽良明先生は、一九七一年に新設された海洋物理学講座に初代教授として着任した。先生は同年、京都大学時代の恩師、速水頌一郎先生（当時東海大学教授）をお招きして、地球物理学教室での講演会を企画した（一〇月八日）。以下の文章はその講演録である「地球物理学と海洋」の中の一節である。原文のまま、引用する。

「いろいろな作曲家が、例えばモーツアルト等が生活のためにパンのために多くの作曲をした。そのパンのためでなかったら恐らく作曲しなかったものが、そのパンのためであったればこそ今日まで残っているような作曲ができたということは確かにあると思いますが、そういう芸術的な気持ちをいつも満足させようというような生活をした彼のような天才でありましても、その生活のためにはそのような作曲をせざる得なかったと、こういうのが現実のすがたであろうと思うのでありまして、（略）研究者が若い頃抱いた志をどのようにして遂げていくかということは、これは口で言っても全然意味のないことで、皆さんが、恐らく若い方々が特にこれから自ら経験することによっておのずから悟って来られることであろうと思うのであります。ですけれどもそのなかにおいて、わたくしどもがあくまでも心の底において許すことのできない、これを捨てることのできない魂といいますか、そういう、若い時に心のなかに湧き上ってきたものはいつまでたっても残っていまして、実は成長してくるもので、それこそが学問において最も尊重すべきものであり、また、人間として最も尊いものであると思います」。

研究者であれば自由な発想で、何事にもとらわれず気の向くまま仕事をしたい、と思うのは当然である。しかし一方では、生活（研究室の維持）のため、他機関からの委託研究を受けざるを得ないときがある。また、やりたい研究と時代との幸福な出会いがかなわず、曲げて研究テーマを選ぶときもある。しかしそれでもやはり、「捨てることのできない魂」をもって、他者とは違う自分にしかできないような研究をしていきたいものである。（一九九七年一〇月二日）

11 「お粗末な科学」と「不正直な科学」

一九八一年、私は名古屋―仙台―苫小牧を運航するフェリーに水温計を取り付け、沿岸水温のモニタリングを始めた。そして数年後、蓄積された水温資料の解析を行った。その最中、三陸沿岸の水温は、上流における津軽暖流(1)と親潮第一貫入(2)の水温双方を考慮すれば精度よく決められることに気づき、関連する資料から重回帰モデルを作成した(花輪公雄・岩坂直人、月刊海洋科学、19, 53-59, 1987)。このときの研究に用いた資料は、一九八一年から一九八五年の五年間のみであった。そして数年前、使う資料の期間を大幅に延ばし、同じモデルを適用したらどうなるのかを試みた。結果として、何と、このモデルはたまたまその五年間やそこらの期間だけに有効で、他の期間では成り立たない、ということが分かったのである。驚きであった。もっとも、どうしてその期間は成立し、他の期間は成立しないのか、という面白いテーマが新たに生まれたのだが。

一九九一年度の京都賞は、カオス(3)研究の先鞭をつけたE・ローレンツ博士(1917-2008)に贈られた。博士の受賞記念講演の内容が、日本気象学会機関誌「天気」に掲載された。その一節である。「結果を偽るのはいうまでもなく不正直ですが、カオス的現象に事欠かない科学では、不正直はもっと見えにくい形をとるものです。(中略)もし彼が実験を一回だけ行ってそれに基づいて報告し、もう一度実験したら別の結果が出たかもしれないのを全然意識しないとすれば、お粗末な科学といえても不正直とはいえません。一回だけ実験して、その結果が自分の仮説に有利なのを見て、再び実験すれば不利な結果がでるかもしれないと思いつつ、実験はここでやめようと決めるとすれば、有利な結果が出た時点でやめたと説明を加えないかぎり、これもまた完全に正直とはいえません。有利なうちに手を引くのは賭博場では良策でしょうが、一連の科学実験はゲームではないのです」。

博士の言葉を借りると、上に記した私のモデルの作成とその結果の発表は「お粗末な科学」であったと言わざるを得ない。それにしても、自然は何と気まぐれで、容易にその本性を私たちに見せてくれないことであろうか。

(一九九八年四月九日)

【注】

1　津軽暖流
台湾付近から北上する黒潮の一部は、東シナ海を経て対馬海峡を通り、日本海へ抜けて北上する。この海流を対馬暖流と呼び、その一部が津軽海峡を抜けて三陸沿岸を南下する。この津軽海峡を出て三陸沿岸を南下する流れが津軽暖流である。

2　親潮第一貫入
千島列島東側を南西に流れる海流を親潮と呼ぶ。この親潮は、三陸沖で二〜三本の筋に分かれて南下する。このうち三陸沿岸に一番近い部分を第一貫入、あるいは第一分枝と呼ぶ。通常親潮と表現しているのは、この第一貫入のことである。

3　カオス
元来は混沌という意味。ローレンツ博士は、初期の状態が決まればそれ以後の振舞いは一義的決まる系でも、初期の状態にごくわずかな違いがあれば、十分時間が経るにつれ大きな差異が生じることがあることを発見し、このような現象をカオスと表現した。現在、気象現象はカオス現象であると認識されている。

12　シミュレーションと「趣味」レーション

「シミュレーション（simulation）」はもちろん「模擬実験」という意味であるが、日本では至る所にこの意味で「シュミレーション」なる表記が堂々と、まさに堂々と現れる。何と研究者の書いた文章中にも顔を出す。恐らく日本人にとって、シとミュの組み合わせよりも、シュとミの組み合わせの方がずっと発音し易いからなのであろう。実際、耳にもそう聞こえてしまっているのかもしれない。

　シミュレーションとは、単なる数値実験（numerical experiment）とは異なり、観察されている事象をできるだけ忠実に、そのまま再現しようとする数値実験の一つのあり方である。すなわち、その再現の程度を高める工夫の中から、そしてモデルで再現された場を解析して、見たい現象の本質に迫ろうとする研究の一手法である。例えば気候研究の主要課題の一つである数十年スケール変動の研究では、現在は実態解明に力が注がれているが、最終的にはシミュレーションによる研究が主役を担うであろう。

　さて、私はシュミレーションを「趣味」レーションと連想してしまうので、この誤表記を見たり聞いたりすると、あなたのシミュレーションは遊びでやっているのですねといつも揶揄したくなる。実際そのようなものも確かに多いのである。

　しかし、そのわりには、私自身は「趣味」レーションをそんなに馬鹿にしているわけではない。ある場面では、「趣味」レーションこそが新しい局面を開く可能性もあるのではないかと思えるからである。ここで言う「趣味」レーションとは、遊び心を持って、時には思考実験では思い至らない所を、冒険し飛躍を覚悟の上でやってみる事である。

　研究の段取りにすっかり慣れ、無意識に効率性のみを求めている自分に気づく事がある。しかし、余裕を持った遊びが既存の研究のパラダイムを崩し、新しいパラダイムに結びつくことも確かなのである。さあ、シミュレーションだけではなく、時には「趣味」レーションもやってみようではないか。遊びの中からブレークスルーが起こることもきっとあるだろう。

（一九九八年一〇月二日）

13　資料解析と料理

大分前のことであるが、資料の解析と料理は似ていると話したことがある（「過去の海洋観測資料に学び未来を語る」、水路新技術講演集、1990, 4, 85-97）。この講演を聞いていた柳哲雄博士（九州大学名誉教授）が、彼の著書の前書きでこのアナロジーを取り上げてくれた（海洋観測データの処理法、恒星社厚生閣、1993）。要は次のようなことである。

資料を解析してその結果を提示することは、美味しい料理を作り、他人に食べてもらうことと似ている。つまり、新鮮で珍しい素材であれば、例えばサラダとかお刺し身のように、ちょっとしたドレッシングやワサビと醤油を添えて出せば十分納得してもらえる。大学で行う観測やプロセス研究のための観測では、あれやこれやと加工しなくともそれ自身が主張し始めるような、そのような資料を取得すべきものであろう。

ところが、データセンター等に納められた既存の収集資料は、誰にでも入手できる、言わば新鮮度が落ちたありきたりの素材である。それらから私たちがいかに大事な意味のある信号を抽出するかということは、料理法、すなわち解析法を十分工夫することにかかっているのである。そして、他人がその料理を美味しく賞味するということは、論文読者がその主張を納得して受け入れてくれるということであり、そのためには様々な解析法を駆使し、新しい知見を明快に提示する必要があるのである。ただ本当の料理というのは、一旦素材の加工に失敗すると、やり直しがきかず、使った素材を捨ててしまわなければならない。しかし、私たちの扱う資料は、料理法を変えて自分の気の済むまで何度やり直しても別に腐るわけでも、壊れてしまうわけでもない。その意味で資料の解析の仕事は、後戻りのきかない料理をするよりも、随分と気楽なものなのである。

この私の主張に加え、柳氏はさらに続け、料理を食べる側の味わい方にも言及している。すなわち、料理の微妙な味付けの違いが分かるように、食べる側にもプロの味わい方があるものだと。それも然りである。

（一九九九年四月八日）

14　リスク・ベネフィット論

学術月報一九九九年三月号に、タイ国家学術研究会議が研究者の倫理規定を発表したとの記事が掲載された（吉川利治、1999, 3, 122-123）。この規定は九項目からなるが、その第四項は次のようなものである。「生物であれ無生物であれ、研究対象については責任を持たねばならない」。また、その履行指針の要旨として、「人間、動植物、文化、芸術、資源、環境などに関する研究においては、破壊しないように、周到に正確に遂行しなければならない」とされている。私もまったくその通りと考える。

さて、私たちは海洋の物理環境の研究に携わっている。海洋エネルギー資源の利用という工学的な観点ではないので、積極的に海洋環境を変えるようなことは確かにしていない。しかし、海洋環境を捉えるための海洋観測やモニタリングは研究に必要不可欠なものとして行っている。この行為の中で、結果として海洋環境を破壊するようなことを行ってはいないであろうか。自分や研究室の行為を考えるとき、真っ先に思い起こすのはXBT（投下式水温水深計）(1)やXCTD（投下式電導度水温計）(1)など投下式測器の使用である。これらに関してワイヤーがカニなどの足に絡むなど生物への被害が指摘されているし、鉛とプラスチックでできたプローブは、その役目が終った時点でまさに招かれざるゴミとなる。このことをどう考えたらよいのであろうか。

私自身は、XBTやXCTDの使用は結果的に海洋汚染になるが、現時点ではやむを得ない使用であるとの「リスク・ベネフィット（risk and benefit）論」の立場に立っている。この論の分かりやすい例は、レントゲン検査である。放射線を浴びることはどんなに少量であれ危険（リスク）を伴うが、結果としてそれを超える有益な身体の情報（ベネフィット）をもたらす、という考え方である。その意味では、単に未知なる海洋に対するロマン（知の獲得）のみの動機づけではなく、研究成果の直接的な人類社会への還元も常に考えて研究を行う必要がある。海洋環境に負のインパクトを与えて初めて得られる海洋資料である。余すところなく有益な情報を引き出したいものである。

（一九九九年四月八日）

【注】

1　ＸＢＴ・ＸＣＴＤ
プローブと呼ばれるセンサーを海中に投下して自由落下させ、水温や塩分を計測する測器。ＸＢＴは水温を、ＸＣＴＤは水温と塩分を計測する。プローブの直径は5〜6センチメートル、長さは20〜40センチメートルで、金属とプラスチックでできた容器の中に信号を伝えるエナメル線が巻かれている。落下に伴いエナメル線がほどける。観測後回収しないため、プローブは海底に放置されることになる。

15　みんなモデラーになろう

地球科学技術推進機構から「二一世紀に向けた地球科学技術の推進方策に関する調査―日本と欧米の研究者の意見に基づく調査・検討―」と題する報告書が出た（一九九九年三月）。この中に、現在第一線で活躍している国内外の計七〇人におよぶ研究者へのインタビューの内容が紹介されている。

その一人に米国スクリップス海洋研究所のL・タリー博士がいる。「日本の研究開発能力をどう思いますか」との質問に対する彼女の回答は次のようなものであった。「日本の研究について正直にコメントすると、一般に堅実だが面白味に欠ける。それは、大部分の論文が叙述的でただ情報を与えるだけであるから。日本の文化に起因すると思うが、測量・観測結果が何を意味するか推測する事を嫌う。米国では、さらなる研究の飛躍のために推測することが勧められている」。

かなりきつい評価であるが、私も同意せざるを得ない。これを端的に表しているのは論文の discussion（議論）の内容や長さの違いである。日本人の論文の議論は短く、内容も貧弱である。日本人は議論の前までに精力を費やし、息切れしてしまう。外国人の書いた論文では、本人が実際にやった研究からどうしてそこまで言えるんだ、と思うほどありとあらゆることを堂々と論ずる。しかし、それがさらなる研究の意欲をそそる（inspire）ものであることも確かなのである。その違いは、日本人にとっての語学というハンディのせいでもあるし、また、確かに背景にある文化のせいでもあろう。

これを克服するためには、私たちは「モデラー」になることであると常々思っている。もちろん、みんな数値モデルを使う仕事をしようと言っているわけではない。それは、たとえ記述的な仕事でも、現象の背後にある物理的メカニズム、すなわちモデルを常に頭に描こう、ということである。モデルを持てば、思考実験で対象とする場は勝手に動くし、想像も豊かになる。自然とその次の研究ターゲットも見えて来るし、それを記述することは読者を刺激する。

ちなみに、タリー博士は主にデータ解析の仕事をしているが、極めて優れたモデラーであると私は思っている。

（一九九九年九月三〇日）

16　引用にあたっては

一九九九年七月五日のこと、本学農学研究科の谷口旭教授が突然地球儀を持って研究室に見えられた。福島県がいわき市に建設している水族館の展示物として、深層循環の模式図を大きな地球儀に描くのだそうだ。原案としてストンメル（1958）の図を描いたところ、水族館設置準備委員会の委員の一人が、昨年、ＮＨＫスペシャル「海―知られざる世界―」で放送されたものと北太平洋での経路が違うと指摘したという。そこで、現在の知見で適切と思われる深層循環の流路を検討して下さいとのことであった。

さて、以後の顛末を簡単に述べよう。ＮＨＫでは放送に合わせ四冊の本を出しているので、早速これを調べたところ、第二巻「深層海流」に探している図が見つかった。セイボルトとバーガー（1993）からの引用とある。しかし、この本には文献目録がなく、先へは進めない。そこで、番組作成時に取材を受けていたＮＨＫ記者に問い合せたところ、図は「岩波講座地球惑星科学」の某氏の論文から取ったという。某氏は上記の本を引用元として挙げていたが、それは海洋地質学の入門書であった。そこでこの本にあたったところ、さらに原図はブロッカーとペン（1982）であることが記載されていた。

原図になかなかたどり着けないまま、依頼から三週間も経ってしまった。途中、物理分野では聞いたことも無いセイボルトらが、何を根拠に深層循環像を書いたのかとの大きな疑問も持った。この騒動の一番の原因は、某氏が図を孫引きしてしまったことにある。もっとも、セイボルトらは原図から分かりやすく書き換えてはいたのだが。引用は原典にあたるのが私たちのコミュニティのルールで、孫引きはどうしてもというう以外は絶対に避けるべきである。その意味で、上記某氏の引用の仕方は不十分と言わざるをえない。

さて、ブロッカーらの本は本学には無く、結局東大海洋研の野崎義行教授から情報を送ってもらった。この分野を専門とする海洋物理の研究者の意見をも踏まえ、検討の結果、福島県の水族館に展示する深層循環の模式図は、ブロッカーらが推定した循環像を採用するよう提案した。（一九九九年九月三十日）

17 イメージトレーニングの勧め

だいぶ前のことになるが、東京大学海洋研究所の平啓介教授から次のようなことを伺った。平先生は、研究航海の前に必ず、出港から帰港までの作業を時間を追って頭の中で再現し、何をどう準備すればよいのかを考えるのだという。三回ぐらいこれを繰り返すことで、準備しなければならないものはほぼ一通り揃うらしい。船が港から出れば、当然のことながら買い物をしたくとも調達できる店などはない。研究航海の準備は完璧でなければならないのは言うまでもない。

一時期、スポーツ選手の間で「イメージトレーニング」を取り入れることが勧められた。実際に体を動かしての練習ではなく、頭の中で体を動かす様子を思い浮かべる練習である。随分効果的であるという。今では、このイメージトレーニング、どの選手も日常的に行っているのではなかろうか。

さて、人前で上がってしまい、発表や面接で十分に実力を発揮できない人がいる。これを克服するにはどうすればよいのであろうか。私はこのイメージトレーニングが実に役に立つと思っている。学会発表を例に取ろう。「前の講演が終った。さあ、自分の演題と名前が呼ばれる。演題が紹介されている途中で席を立ち、先ず、OHP（オーバーヘッドプロジェクター）用紙を机に置こう。前の演者からマイクを受け取り、次は最初のOHP用紙をセットしよう。そして正面を向き、一礼をし、出席者の顔を見よう。それから名前と所属を言おう。次に顔はスクリーンの方だ。そして、OHP用紙に書いてある発表の要旨を言おう…」という具合である。私自身も学会発表に限らず多くのことに、例えば海外旅行の前などにもこれを行っている。まさに平先生と同じようなことをやっているのである。

上がらないために、「人という字を手のひらに書いて飲み込む仕草を三回繰り返す」とは、単なるおまじないで、気休めに過ぎない。イメージトレーニングは、実にいい訓練になる筈である。是非お試しを。（えっ、恋人とのデートの前にはいつもやっていますって！）

（二〇〇〇年四月六日）

18　時代に生きる、時代を築く

一九八九年の一月、私の恩師鳥羽良明先生の招待で、先生宅に教官が集まり新年会が開かれた。昭和が終わり、平成が始まった年である。その時、必然的に天皇ご崩御の話題になったが、「今、自分も時代の中に生きていると感ずる」と述べたことを思い出す。日本が第二次世界大戦という大きな影響を世界に与えてしまった昭和が終わり、新しい時代への転換を思わせるような雰囲気があった。

　さて、私たち一人ひとりはとてもちっぽけな存在で、希に時代の中に生きているという実感を持てたとしても、日常的には自分は時代を築いているなどという感慨を持つことはほとんど無い。しかし、時には新しい状況が生まれそうな予感を持てることもあり、またそう感じるからこそ、その推進のため、自分が積極的に動きたいと思えるときもある。

　私にとって、アルゴ計画はそのようなものの一つである。端的に言えば、常時三千個のプロファイリングフロートを世界中の海に漂わせ、海の天気図を描こうとする計画である。実現の暁には、まさに海洋研究にとって、画期的な研究基盤となるであろう。しかし、残念ながら、データが大量にそろったら大いに利用しようと思っている人は多くとも、この計画の立ち上げの今、実現に向けて努力しようとする人は多くない。アルゴ計画を軌道に乗せるためには多くの難問があり、努力の割に研究成果をすぐには出しにくいこの時期に、ボランティア的に関与するのは損だとでも思っているかのようである。しかし、私自身は、私にできることがあれば、海洋研究の新時代を迎えるために、この動きの中で微力ながらも何がしかの役割は果たしたいと考えている。

　社会とは言わず、上記のように海洋研究という比較的狭い分野では、私たち自身の努力で、新しい時代を築くことができるような状況もありそうな気がしている。時代に生きて時代を読み、そして時代を築く。そんな大きな気概も、たまには皆さん、持ってみようではないか。

（二〇〇〇年四月六日）

19　TSS的対処法

TSSとは「time sharing system（時分割システム）」という計算機用語である。CPU（中央演算装置）は一つであっても、時間を細かく分割して異なる計算を次々に行うことで、あたかも複数の計算を同時にやっているかのように処理する方法である。この方法の開発により、多数のユーザーが一つの計算機を同時に使用できるようになった。このTSSの導入は画期的なことであったという。

さて、大学の本務は教育と研究の場であるので、外の人から見ると中の人は好きなことをマイペースでやっているように見える。しかし、実態はまったくの大違いである。毎日飛び込んでくる夥しい数の書類、そのほとんどがすぐファイル、結局は屑籠行きとなるのだが、先ずは目を通さなければならない。また、各種会合の多いこと多いこと。ある人はこれらを雑用といい、またある人は当然こなさなければならない大事な仕事ともいう。

いずれにせよ飛び込んでくる仕事は、即座にこなした方が良さそうである。書類などは斜め読みしながら、これはこれ、それはそれと机の上から無くすことが肝要である。厄介極まりないのは、他人を巻き込んで処理しなければならない仕事である。自分で完結できる仕事なら、苦労はしてもマイペースで行える。ところが、他人を巻き込む仕事は、結局は相手次第であり、こちらの思惑通りに運ぶことはまずない。このようなことに対しては、正にTSS的対処法が有効に機能する。時間を区切り、その時点で自分自身でやれることが終わったら、さっさと他の仕事に移ってしまうのである。

「研究」という行為に、このTSS的対処法は有効に機能するのであろうか。答えは、YESでもあり、NOでもあろう。一つの研究の中でも、ゆっくりとした何事にも邪魔されない思索の時間が必要不可欠なステップもあるし、次から次へとルーチン的に処理できるステップもある。振り返ってみると、院生の時代はほとんど雑用の無い状態で、TSS的対処法などは必要なく、一つのことに好きなだけ時間を費やすことができた時であった。皆さんも、こうと決めたゴールに向かって、集中して時間を使ってみませんか。

（二〇〇〇年一〇月四日）

20 「一生懸命」と「一所懸命」

「一生懸命」は、「一所懸命」から派生した言葉であり、現在この二つの言葉は同義語として使用されている。懸命は「命を懸ける、命と引き換えにする」ことであり、どちらも言葉も「力の限りを尽くして努力すること」という意味として使われている。

さて、私は手紙などで用いるときはほとんどの場合「一所懸命」を使っている。私にとってこれら二つの言葉は、その字面が違うように、やはり意味が異なるように感じられるからである。すなわち、一生懸命には、自分の一生、すなわち生涯を通して、ある一つのことに懸命になるとの意味あいを強く感じてしまう。一方、一所懸命であるが、字面はまさに一つの所で懸命になることである。私はこれを、今置かれている立場（地位とか役どころ）や状況において懸命になること、と捉えて使っている。つまり、何がなんでも一つの所にしがみついて頑張るという意味ではなく、自分の意志や希望とは無関係に置かれてしまった立場や状況においてさえも、自分なりに精一杯努力すること、として使っているのである。

どの場所にいても、どのような立場でも、個性を発揮し、努力の結果自分にしかできないことがやれたのなら、それはとても素晴らしいことである。そして、そのことこそが、次のステップへの飛躍に繋がるのであろう。例えば、日本でも転職がかなり自由に行われるようになってきた。中には、「華麗なる転身」などと表現される場合もある。私にとって、これらの方々は、その前の場所で一所懸命やって、思う存分力を発揮し一つの仕事を成し遂げたからこそ、次の飛躍を望んだのであろうと思えるのである。また、その一所懸命の姿が見えていたので、誰かが次の機会や次の立場をその人に与えたのであろうと思うのである。一所懸命やれば、次々と「所（立場）が変る」とは皮肉なのだが、きっとそうなのだろうと思う。

さてあなたは、私の定義に従うとすれば、一生懸命派ですか、それとも一所懸命派ですか？

（二〇〇〇年一〇月四日）

21 「時代」との幸福な出会い
―鳴かないホトトギス―

「もっと高い能力の計算機が実現すれば、このテーマはすぐにでもできるのだが」とは、数値モデラーからよく聞く台詞である。確かにやりたいことが生まれ、やれれば問題解決に近づくことは分かっていても、技術的な環境が整わず、すぐには実現できないことが多い。この事情は、資料解析にも当てはまる。興味深い、意味のあるテーマが設定でき、それを証明するための材料を資料の中から見出そうとしても、往々にしてそれを実現するだけの精度の高い資料が無かったり、あるいは意味のある確かな信号を抽出できる十分な量や長さの資料が無かったりすることが多い。このようなとき、私たちはどう対処すればよいのだろうか。

資料解析を念頭におけば、次の三つの選択肢があるのではなかろうか。一つめは、やはり今問題を解決することが重要であるとし、正攻法でアプローチすることは一旦諦めるものの、間接的にでも最後まで解決しようとするやり方である。二つめは、あくまで正攻法での解決を目指し、解決に必要な環境（資料）ができるだけ早く整うよう、自らもしくは周囲に働き掛けて推進する努力を行うことである。三つめは、その問題の早期解決を諦め、大事に仕舞い込んで、実現する環境ができるまでじっと待つことである。

そのまま一対一には対応させられないが、「鳴かないホトトギス」をどうするのかのようでもある。では、科学の研究という行為の中で、どのアプローチが最良なのであろうか。どの立場を取るのかは、確かにその人の個性に大きく依存しているような気もする。しかし、私の結論は、それは具体的に解決したい問題によって異なるので一概には言えず、また時には並行したアプローチも必要である、というものである。そして、私は一つめや三つめを選ぶときにおいても、二つめの選択肢を大事にしたいと思っている。

標題の「時代」とは研究を進める上でのあらゆる環境のことであり、いい研究ができるためには「時代との幸福な出会い」が必要なのである。さて、あなたが今抱えている問題は、時代と幸福な出会いをしていますか？

（二〇〇一年四月五日）

22 「デイ・サイエンス」と「ナイト・サイエンス」

「大発見はナイト・サイエンスから生まれる」とは、筑波大学名誉教授の村上和雄先生の主張である（カッパ・ブックス『科学は常識破りが面白い』、1998）。氏は、研究室で行う論理的思考に基づくフォーマルな形のデイ・サイエンスの他に、「あまり論理的ではなく、ときには論理に反するようなことであり、理性的というより感性的、客観的というより主観的で、整然としていないで雑然としている」ナイト・サイエンスの重要性を説いている。教科書には書かれていない「科学の裏話」のことである。

氏は大学時代、授業で学んだことはほとんど覚えていなくとも、酒席で「常に一歩前へ進め！」などと生き方、考え方を説いてくれたある先生に強い影響を受けたという。「人生の苦労話と一緒だから、言葉に息吹きが入って」いたのだそうだ。また、「夜の付き合いの、ちょっとした会話の中から、重要なヒントを掴むことも少なくありません。酒が入ると通常の思考パターンが崩れて、ナイト・サイエンス的な脳に変化しますから。もっとも飲みすぎると駄目ですけれど」とも述べている。

私自身振り返ってみると、確かにナイト・サイエンスから、多くのことを学んだ気がする。先生方や諸先輩、仲間の人達との付き合いの中から、その人のこだわりや発想法に感心したことも多い。またそのとき、何気なく自分が宣言した言葉が、妙に自分の心の中に残って、その後の自分の活動を律したようなこともある。

飛躍した発想にはお酒の効用が大きいように思える。素面のときは、無意識にせよ周囲の状況をがんじがらめに考えてしまい、自由奔放な発想ができないことが多い。それがお酒が入ると、あたかも脳を縛っていた糸がプツンプツンと次々に切れて、普段は思いもつかない突拍子も無いことも浮かんでくる。実にワクワクした楽しい気分になれる。もっとも翌日、そのほとんどがやはり突拍子も無いことに気付くのであるが。とは言え皆さん、次のナイト・サイエンスはいつになりますか？

（二〇〇一年四月五日）

23 パキラの成長戦略

一九九五年三月、私は現在の住まいに引っ越した。それまでのアパートとは違い、狭いながらもベランダがあるので植物を育てることが可能となった。身近に緑があると心が和むものである。そこで、鉢植えの小さな観葉植物を育てることにした。その中の一つにパキラがある。

パキラは、中央アメリカ原産の植物で、適切に水遣りを行えばほとんど手がかからずに育ってくれる。購入したときは、高さ三〇センチメートル足らずの小さなものであった。当初基幹部から二本の茎が出ていたが、そのうちの一本のみがこの四年の間にすくすく育ち、もう天井に届くまでになってしまった。重心が高くなり、ちょっとしたことでも倒れそうなので、泣く泣くその茎の根元付近から切ったところ、するとどうであろう、今度は取り残されていたもう一本の茎が伸び始め、次々と葉を出し始めたのであった。あたかも長い眠りから覚め、今度は自分の番だと言わんばかりに。そしてもう一本、幹から新たに茎が出てきたのである。今では購入したときと同じく、一つの幹に二本の茎と生い茂る葉、という形で成長し続けている。

私はこのパキラの巧妙な「成長戦略」に驚くとともに、実は私たちも同じような成長戦略を持っているのでないか、持っている筈だ、いや、持っていて欲しい、と考えるようになった。

私たちは幾つかやりたいことがあっても、ひとまずその中で自分にとって一番価値がありそうな方向に向かおうと努力する。しかし、必ずしも思い通りに事が運ぶとは限らない。途中で方向転換を余儀なくされ、次の選択を迫られることもある。このような場面に出会うと、今までの努力が水泡に帰したかのような挫折感を味わうことになる。しかし、パキラのように、「次にやりたかったこと」が今度は本命になって、同じようにすくすくと、あるいはそれ以上に伸びていく可能性もあるのではなかろうか。こう考えると、随分気が楽になる。皆さん、私たちもパキラと同じ成長戦略を、実は持っているのだと考えようではありませんか。（二〇〇一年一〇月四日）

24 A mountain of data is a mountain of treasures!

私は多くのところで「資料の山は宝の山」なる表現を使ってきた。その意味するところは、「資料は実に多くの情報をその中に秘めているものであり」、そして「その中から意味のある信号を抽出するためには、より一層物の見方と抽出する技術を磨かなければならない」というものである。この後者の意味あいを出すため、単に「資料は宝」と表現するのではなく、それぞれに「山」を付けているわけである。一九九七年三月に米国ボルチモアで開催されたＩＯＣ（政府間海洋学委員会）主催の「Time Series Workshop」における私の講演の最後にも、これを標題のような表現で行ってみた。日本からの参加者は私一人であったが、会場のそちらこちらからクスッとの笑いが起こったので、この表現に賛同して頂けたものと思っている。

さて、資料の山から如何に意味のある有益な情報を掘り起こすかは、まさに私たちの「腕」にかかっている。この腕の中には、何を抽出したいかという目的を決める能力と、それを掘り起こすための技術、すなわち解析手法を磨くことの二つが含まれる。これら二つが同等に機能してこそいい研究となる。料理に喩えれば、手持ちの食材から完成させたい料理を決め、適切な調理をすることで美味しい料理となる、ということである。

いい研究を行うために解析手法を磨く、ということには誰も異論がないであろう。しかし、資料解析に万能な解析手法は存在しない。そこでできるだけ多くの解析手法を学び、そして事例毎に自分が表現したいことをダイレクトに表現できる適切な手法を選んで適用することが重要となる。

もう一つ大事なことは、予め何を抽出したいかという目的を持つことである。すなわち、抽出したい現象の（信号に対する）物理メカニズムのモデルを持って解析にあたることである。先にこのことを、「色眼鏡で見ること」とも表現した。ただ漫然と資料を眺めてみても、資料は何も教えてはくれない。正に「目では、なにも見えないよ。心でさがさないとね」（サン＝テグジュペリ作『星の王子さま』、内藤濯訳、岩波書店、2000）ではなかろうか。

（二〇〇一年一〇月四日）

25　独り善がりな業界用語

専門としない他分野の話を理解することは、言うまでもなくとても難しい。知っていて当然であるかのごとくに専門用語を使われると、まさにお手上げである。しかし、話を難しくし、聞く人を悩ませ、そして疲れさせるのは、何も専門用語だけではない。日常使っているような言葉でも、ある特別な意味（概念）を付して使われると、同じようなことが起こってしまう。

昨年度、大気海洋系以外の分野の学位審査委員を頼まれた。先にその院生が修士課程で行った仕事に触発され、その分野のちょっとした研究を行っていたからである。さて、予備審査会での発表の中に、「今回得られたこの結果は、先に示されていた結果と、調和的である」との表現があった。「調和的」がまた出たと、思わず苦笑してしまった。「調和的」は、本学のこの分野の人たちだけではなく、日本中のこの分野の研究者たちが、さらには「…in harmony with…」なる表現で英文論文にも現れ、世界中の研究者たちが普段に使っている言葉である。私はこの表現におおいに違和感がある。この表現を聞くや否や、「極めてよく合っている」から「矛盾はしていない」までの幅広い範囲の、一体どのあたりを指して言っているのか、判断に迷うからである。今回の発表では、「今回求められた値は、先に他の研究者が得ている値とファクター2から3程度は異なっているが、符合（傾向）は同じである」と理解した。もしもそうであるならば、どうして最初からそのように表現しないのだろうか。この「調和的」は、少なくとも私たちの分野の発表や論文には一切使われない言葉である。論文に使ったら、レビューアーから、たちどころにそんなblurredな（あいまいな、ぼやけた）表現は使うべきでない、もっと具体的に表現すること、との指摘を受けるであろう。

さて、他分野のことを書いてしまったが、私たちの分野で意識しないで使っているこのような「独り善がりな業界用語」は無いだろうか。一度総点検してみても良さそうである。

（二〇〇二年二月八日）

26　他人の靴と住めば都

座敷に上がってのナイト・サイエンスを終え、帰ろうとしたときのこと、なんと履いてきた靴が見当たらない。残されていたのは同じメーカーの同じタイプの靴であるが、明らかに自分のものとは違っている。誰かが間違えて履いていってしまったのである。仕方がないので、私の連絡先を店に残し、残されていた靴を履いて帰った。同じタイプのほぼ同じ大きさの靴とはいえ、他人の靴は何とも履き心地が悪く、靴それ自体が気になって気になって、帰りの歩き方はまさにぎこちないものであった。

さて、一か月以上たっても店から何の連絡も無いので、そして勿体ない気持ちも出て、他人の靴ではあるが日常的に履くことを決断した。するとどうであろう、履き始めてからしばらくすると、次第に違和感が無くなり、やがて歩きやすくなっていくではないか。その靴の形に足が慣れてきたということは確かにあるであろう。しかし、と同時に、自分の足の形に合うように靴が変形し、また、自分の歩き方の癖に合うように靴底も少しずつ減っていったように思えるである。

「住めば都」なる表現がある。人間なんてどんな（悪い）環境でもすぐに慣れるもの、という意味で使われる。しかし、新しい環境への慣れに加えて、自分にとって住みやすいように上手に周囲の環境を変えていったから、最終的にそう思えるようになったと考えたい。

若い皆さんは、今後も何年かおきに新しい環境に飛び込んで行かざるを得ないであろう。そのとき、新しい環境にただ慣れなければいけないと思う必要もないし、それを堅固で変わらないもの、などと捉える必要も無いのではなかろうか。自分にとって都合のいいように、周囲の環境を変えるように働きかけることが重要なのではなかろうか。周囲の環境の悪さを一方的に嘆き、批判するよりも、自分にとって受け入れることのできる環境を作るため、ほんのちょっとでもいいから周囲に働きかけてみようではないか。少しでも「住めば都」に近づけるために。

（二〇〇二年二月八日）

27　アマらしい問題設定を

「優れた研究をするためには何が重要ですか」と問われれば、私はためらわず、「的確な問題設定です」と答えたい。では、「的確な問題設定とは何ですか」と問われれば、一言ではなかなか難しいが、「アマチュア的な感覚での発想に基づく問題設定です」と答えたい。

物理学の分野では、同じ研究テーマを掲げる人が、世界中に数千人もいるという。すなわち、解くべき問題はみんなに認知され、既に設定されているわけである。ある分野では、これが解ければノーベル賞ですと、問題一覧が本になって出ているともいう。

一方、地球科学の分野では、幸か不幸か、そのような既定の問題はそう多くはない。また、地球科学は必然的に対象が場所と時間の関数でもあるので、地域的な研究も、時間的変遷を対象とした研究も成り立つ。私たちが携わっている海洋物理学でも、従事している研究者は相対的に少ないし、そしてまだ幼い学問であることもあり、解くべき問題は限りなくあると言ってもよい。

そのような中で、もし、自由に問題設定ができる立場であったなら、できるだけ初心に返って問題を設定することが大切であろう。「これを知ったら、分かった気になる、世界が明るくなる」、というあなたにとっての「これ」を見出せたら最高である。他人の後追いではなく、重箱の隅を突っつくのでもなく、アマチュア的な素直な感覚で、自分にとって気になる、こだわりたいものを対象として、「丸ごと」答えるような問題を設定してみたらどうだろう。

丸ごととは、例えば、5W1H（ここでは、when, where, what, why, which, how）すべてを相手にするようなことである。問題を作ったら5W1Hを念頭に、答えを書いてみようではないか。一つの論文では、5W1Hのたった一つしか議論できないかもしれないが、丸ごと答える夢を持ちつづけ、次へのステップとしようではないか。そこにこそ、既存の枠組みでは越えられない壁を突き崩す、大きな可能性があると思えるからである。

（二〇〇二年二月八日）

28　自分を正しく評価すること

自己評価、あるいは自己点検なるものが今、世の中では大流行である。個人のみならず組織でも行われている。このような評価は、それまでの達成度を点検し評価することで活動内容を見直し、今後の活動をさらに向上させることを目的として行われている。

私は、研究者の大事な資質の一つは、この自己点検・評価を冷静かつ適切に行える能力を持っていることと思っている。それまでなし遂げてきた自分の研究が、研究の流れの中で科学的知見の蓄積にどれだけ貢献できたのかを、正当に見据える能力である。過大評価し天狗になってもいけないし、過小評価し卑下することで過度に落ち込むこともいけない。まさに正しく適切に評価すべきものである。ただ実際は大変難しく、自分のことを振り返れば、そのときそのときの精神状態によって、評価結果が大きく振れたのも事実である。

さて、評価を行うためには、何らかの判断基準が必要である。何に価値を置くかという物差しを作らなければならない。大事なことは、その物差しはただ一つだけではないということである。評価は多くの観点からなされるべきものである。研究者に対して現在行われている評価は、ややもすると数値的評価ができる特定の物差しで行われることが多い。一定期間に何編の論文を書いたか、研究資金をどれだけ獲得したか等々。もちろん、これらの数値的評価が悪いわけではない。しかし、それがすべてでもない。数値では表現できない物差しも含め、できるだけ多面的に行うことが望ましい。他人にはない、自分の良い点を見つけるためにも。

自分が属しているコミュニティの中で、自分が今どこにいるのか、そしてまた、自分が自分で理想としている状態に今どこまで近づいているのか、時々は冷静に自己点検・評価をしてみようではないか。自分の持つ良い点と、至らない点を見つけるために。その結果、明日からはこれまでとは違った活動ができるかもしれない。

（二〇〇二年四月一一日）

29 論理的であれ

全力を傾けて行ってきた研究という行為は、「論文」が印刷・公表されて初めて完結する。では、論文とは何であろうか。私の定義は、「新しい科学的知見を、他の研究者に理解・納得してもらうためのひとまとまりの文章」というものである。

さて、論文を書くときに大事なことは何であろうか。当然であるが、先ず全体の構成がしっかりしていることである。これまでのレビューを行い、研究のモチーフを述べて、この研究が如何に重要かを主張し、実際にやったことを、他の研究者がフォローできるように述べる。そこでは、先ず読者をここに導き、次にこの事実をこの観点から述べ、その上に立ってこの事実を主張する、さらにこれを受けてここに言及し、最後にこの研究結果の意味するところ、発展しうるところ、応用できるところを論ずる、等々。このように筋道だった適切な構成が重要であることは言うまでもない。

文章とは、一文一文の積み重ねである。ここでも重要なことは、「論理的」であることである。「論理的」とは、英語でいう「logical」であり、「理路整然」としていることである。論文の文章は、大抵は実に味気なく、潤いもない。得られた結果の記述であれば、ただ淡々と、誇張もなく、あるがまま、意味するがままが望ましい。では、論理的な記述をするのにはどうしたらよいのだろうか。妙案は思いつかないが、常に「意地悪く、意地悪く、批判的」に読むもう一人の自分を用意しておくことではなかろうか。寺田寅彦は、論文を書いたら、少なくとも一週間は寝かせて、もう一度読み直すと良い、と提案した。この慌しく忙しい時代、一週間も論文を眠らせるのは勿体無い気もするが、誰でも実行できる良いアイデアである。一週間経てば、そこには冷静に論文を読める自分が、きっといるであろう。

もっとも、記述が論理的であっても、論ずるべき内容が伴っていなくてはお話にならない。貧困なる論理も、貧困な内容も、さて、どちらも困ったものである。

（二〇〇二年四月一一日）

30　ハンドルの遊び

「走り屋」の友人の話である。結婚直後、奥さんが免許を取って彼の車に乗り始めた。彼の車は、後輪駆動の本格的スポーツカーである。しかし、しばらく経つと運転することを止めてしまったのだそうだ。奥さんによれば、ハンドル、ギア、クラッチ、ブレーキすべてにおいて「遊び」が少なく、とても運転しにくいので、すぐ疲れてしまうからだという。

ハンドルに遊びがまったくなかったらどうであろうか。ハンドルの角度は、そのままタイヤの角度と直結するので、真っ直ぐ走りたいときにはハンドルを常に真っ直ぐに固定していなければならない。また、道路の凹凸でタイヤがぶれるようなときには、そのままハンドルに伝わり、小刻みにハンドルが動くことになる。考えただけでも常に緊張を強いられ、やはり疲れる運転になるだろう。ハンドルに適当な「遊び角」があればこそスムーズに、かつ楽に運転ができるのである。

私たちの日頃の感じ方、活動の仕方でも同じようなことが当てはまる。日常見聞きするもの一つひとつに、こうであらねばならないと厳密に考えたり、また対処や対応をしなければならないとしたらどうであろうか。あちらにも、こちらにも不満だらけになり、また、具体的に対応しだすとなると、まったくきりがない。対人的にも、あちらにもこちらにも角が立ってしまいそうである。私たち個人個人、どうしても譲れないという一線を持つべきであるし、現に持っているのではあるが、あるものに対しては、「それは適当に」という反応空白域、すなわち、心にも「遊び」がないと、やはり疲れてしまいそうである。

何事にも妥協しないで対処することは、正義感溢れる若い皆さんのいいところではあるが、これは私にとって「土俵の外」、と思うこともまた必要なことである。最近どこかで見たフレーズを使わせてもらうと、まさに「いい加減が、良い加減」なのであろう。（えー、私のハンドルの遊びは、大きすぎるって！）

（二〇〇二年五月一日）

31　Ｍａｘ号の二階席から見える景色

年に何十回も東京に行かなければならない。一度のみならず、二度、三度と行かなければならない週もある。腰痛がひどく、席にじっとしているのが辛いので、出張が続くようなときは大変憂鬱である。そこで普段は、少しでも腰に負担をかけないよう、仙台・東京間を一時間四〇分で結ぶ、最速の新幹線「やまびこ・こまち号」を利用している。

それでもときには、別のタイプの新幹線を利用しなければならないことも起こる。時間が余計にかかるのでさらに憂鬱になるのだが、ダブルデッカーＭａｘ号の二階席を利用するときは楽しくなる。いつもとは違う景色が楽しめるからである。年に何十回も見ているに違いない景色が、Ｍａｘ号の二階席からはまさに新鮮に見え、また、新しい発見もある。視点が普通の新幹線車両より、たった一・五メートル程度高いだけであるが、景色の変わり方は劇的である。ちょっとした視点の違いが、新鮮さ、意外さを与えてくれるのである。

私たちは、日常的にいろいろな出来事に出会い、感想を持ったり判断・評価をしたりしている。しかし、普段は一つの出来事に対して、一つの視点でしか見ていないことが多い。そのようなとき、視点をちょっと変えてみると、一見意味のなさそうな出来事が、意外に重要な側面を持っていることに気づくことがある。研究を評価するときにもこのことは重要である。ある基準や視点で判断・評価して終わりとするのではなく、わざと視点を変えてみるのである。その結果、その研究に、意外な良い点や評価できる点が見えてきたり、逆に思いもよらない不完全な点が浮かびあがることもある。いろんな視点を自由に操って、他人の研究を判断し評価することが重要である。そして、良い点や評価できる点を学び、至らない点については自分だったらこうやろうと思うことが、自分の研究のレベルを向上させることになる。

今度は、Ｍａｘ号の一階席を是非利用してみようと思う。また、新たなものの見方、考えが出てくるに違いないから。最近乗ったＭａｘ号の二階席で、ふと、こんなことを考えた。（二〇〇二年五月三一日）

32 「指示待ち症候群」に陥っていませんか？

「近頃の学生は…」とは禁句かもしれないが、本来持っているべきものがなくなってしまったら、やはり何かしら苦言を呈することも、先に生まれてきた者の責任ではないかと考えている。その時代その時代、固有の事情があるので、単に一つの側面から評価・判断し、それを嘆いてみても始まらないことを、十分に理解しつつも。

さて、最近、自分自身の判断で物事をぐんぐん進めていく人が、少なくなってきたような気がする。自分で評価・判断ができない、そのために次の行動に移れない、したがって誰かに方向性を指示してもらいたがる、という一連の傾向である。世の中ではこれを「指示待ち症候群」というらしい。確かに、これに陥る人が多いのではなかろうか。

研究という行為も、たとえグループ研究であったとしても、本質的には個人個人で行うものである。したがって、自分で考えて問題を設定し、日々悩み、自分で解いていかなくてはならない。このようなとき、他の人との議論が大変有効である。湧き上がった疑問、抱えている問題点について話し合う中から、思わぬヒントが得られ、その後ぐんぐんと研究が進むことがある。これは、議論すること、すなわち互いに考えを述べ合う中から生まれるのであって、単に教えを受けることでできることではない。一方的に指示されてやっている仕事であれば別だが、最終的にはやはり自分で判断し、行動しなければならない。したがって、その最終責任は誰にでもない、自分自身にあることはいうまでもないことである。

と書いたところで、突然分かってきました。「指示待ち症候群」とは、判断ができないのではなく、最終的に責任を取りたくないことに因っているのであろうことを。とするとこれは、今に始まったことではなく、昔からの日本人全体の問題ですね。この意味で、このエッセイの題は「『責任を取りたくない症候群』に陥っていませんか」とすべきでした。若い皆さんを侮辱してしまったようです。お詫びします。

（二〇〇二年六月二八日）

33　なんでもマニュアル？

　最近我が国では、危機管理に対する対応がまるでなっていないということで、様々な事態を想定した「マニュアル」作りが叫ばれている。天災、人災を含めた突発的な事件や出来事に対する行動や対応の「手引書」作りである。

　さて、マニュアルによる対応といえば、ファストフード店などの接客態度がすぐ思い浮かぶ。この世界では、やはり何かマニュアルどおりの対応だな、と思わせる場面がじつに多い。子供や老人に対しても、誰に対しても同じ言葉で、同じように応対している。その言葉や態度は、確かに見かけでは礼を失していないようではあるが、やはり心が伴っておらず、何か隔たりを感じてしまう。そして一方で、マニュアルから外れるようなことがあると、とたんにしどろもどろの対応であったり、すぐには対応ができず、上の人の判断を仰ぐ状態に陥ってしまう。

　マニュアル（manual）とは、小型の本や冊子、入門書のことであるから、本来必要最低限のことだけが書かれているものなのであろう。したがって、あらゆることを想定してマニュアルを作る、というのはその原義からしておかしいのではなかろうか。では、最低限とは何であろうか。例えば、危機的状況時の行動であれば、何を一番に重視し、最優先すべきかなど、原理・原則を中心に据える観点ではなかろうか。それさえしっかりしていれば、たとえ具体的な行動がマニュアルに書かれていなくとも、どんな事態に対しても対応と応用はきくものと信じたい。

　さて、少し大きな集団になると、いろいろなことに対して、たくさんのルールを作りがちになる。しかし、状況は時間とともに変わるし、必ず例外も出てくるので、ルールは多くなればなるほど厄介なものとなる。この場合も、最低限の原理・原則、そして考え方を集団内でしっかり持てば、応用もきくし、人によって対応が大きく異なることはないはずである。ルールも、少数精鋭でいきたいものである。

（二〇〇二年七月三一日）

34　三割の働くアリと遊び人

数学者の森毅氏のエッセイ「七割はムダ」（『ま、しゃないか』所収、青土社、1995）に、生物学の教授から教わった話が紹介されている。アリの集団を観察していると、すべてのアリが働いているように見えても、本当に役立つ働きをしているのは三割だけだそうである。さらに、この働き者のアリだけで集団を作ると、やはり働くアリは三割になってしまい、一方、七割の怠け者のアリだけで集団を作っても、今度はその三割がしぶしぶ働くようになるという。続けて森氏は、アリの社会に限らず、何でもせいぜいが三割で、後の七割はムダなことが多い、と説く。

アイスホッケーでは、攻撃グループが複数用意されていて、代わる代わるリンクに登場する。実際にリンクで戦っているのは一つのグループであるが、それをじっと観察し、次の機会を狙っている他のグループが控えているのである。そのためであろう、アイスホッケーは、ダラダラとしたところがなく、いつも激しい試合を展開する。

ある雑誌に、「日本の研究体制は、いつもオールジャパン」と書いたことがある。私たちの分野でも幾つも国際共同研究が走っているが、日本からは常に同じような人達が前面にでて、そして「根こそぎ動員」の形で対処している、という状態を指したものである。これに対し、「遊び人」の重要性を主張した。そのときは前面に立たなくとも、後ろで冷静かつ批判的に観察し、次の機会に前面に立つような人たちの存在である。このような遊び人を「養っていける」のがそのコミュニティの強さであり、また健全な姿であろうとも思っている。今の我が国ではそんな余裕はない、また、遊び人はいつまでたっても結局遊び人ではないか、と言われそうではあるが。

研究という分野で働き者三割、遊び人七割では、やはり許されうる割合ではないとも思うが、それでも流行にとらわれず、わが道を信じて歩いている人達の存在は重要である。ところで皆さんは、今期待されている分野を担っている働き者のグループですか、それとも遊び人のグループですか。（二〇〇二年八月三一日）

35　自分のカラーを作ること

ある委員会で一緒だったNさんが、女性研究者に贈られる著名な科学賞を受けた。私のお祝いのメールに対するNさんの返事は、「委員会の仕事などより研究の方がずっと楽しいのに、これからますますいろんな委員会に引っ張り出されそうで、大変憂鬱です」というものであった。現在、我が国では男女共同参画運動と称して、委員会などに多くの女性の参加を促している。男女の構成比率に、数値目標まで設定される始末である。女性研究者が少ない現状では、高い研究実績をもつNさんの心配はその通りであろう。

さて、Nさんの心配に対して、私からのアドバイスとして次のようなメールをさらに送った。「もし、委員会など科学行政に携わることよりも、研究に邁進することが自分の進む道だと決断できるのであれば、各種委員の就任依頼に対しては徹底的に断わったらどうですか。この委員会はいいけどあれはだめ、などと選り好みするのではなく、徹頭徹尾すべて断わることです。数年も経てばあの人は研究が一番で、委員会などには参加してくれません、という評判がたちます。そうすると、誰もがあなたをそのような目で見て、それからは委員就任の打診もなくなるはずです」と。

このアドバイスは、自分のスタンスを明確にして「あの人はこういう人だ」と思われるような「自分のカラー」を作ってくださいというものである。実際周りを見渡してみると、実に上手にこれを実行している人がいる。このようなカラーを作った人には、周りが自主規制をして余計な仕事を持っていかないのである。

先の例は極端な例であるが、「あの人はこういう人」と思われるようなカラーを作ることは、一般に決して悪いことではない。なぜなら、「常に安定した判断ができて、常に安定した対応と行動をしている証」なのであるから。さて、今のあなたはカラーを持っていますか、それはどんなカラーですか。なお、Nさんへのメッセージには、「このようなカラー作りに、私自身は失敗しましたけど」と書き添えたことを白状しておきます。

（二〇〇二年九月三〇日）

36 文章の抽象度

だいぶ前のことであるが、英文論文の和文抄録をしていた。毎月二〇編ほどの英文論文を、一編あたり一五〇字程度の和文に要約する作業である。言うまでもなく、わずかな文字数でその論文のあらましが分かるようにまとめることは大変難しい。要旨を読んだだけで内容が分かる論文はよいが、その書き方が適切でない論文に出会うと、ときには論文全体を読み、さらには引用文献まで読んで初めて要約できるようなこともあった。

約十年の間行ったこの抄録の仕事は、実にいい経験であった。このような仕事をしなければ絶対読まないような論文にも目を通したし、また、論文が主張したいことを短時間でつかむ訓練ができたからである。また、論文を書くときには、今までの知見をまとめ、かつ評価するという、いわゆるレビューを行わなければならないが、その訓練にもなった。抄録の文章は、論文の内容の豊富さによるが、和文抄録の一五〇字程度という字数制限から、いつも抽象度の高いものにならざるを得なかった。

さて、原稿を頼まれるときには大抵字数制限が付く。好きな分量で書いて下さいという依頼は、ほとんどない。字数制限のもとでは、抽象度を下げてより具体的に書こうとすれば、論ずる範囲はおのずと狭められるし、一方、抽象度を高めれば広い範囲をカバーできることになる。全体を通して抽象度が安定している文章こそが、読者にとって読みやすい文章と言える。抽象度が安定していないと、ある部分では欲求不満になったり、ある部分では冗長で読み飛ばしたくなったりする。とはいえ、講演などでは、あるところは抽象度を高くし、あるところは低くしてより具体的に話すことも作戦としてはありうる。実際、講演上手なある人の話にはこのようなテクニックが使われていて、飽きずに聞くことができた。文章を読むのと、話を聞くのでは、多少脳の働きが違うのかもしれない。

この一連のエッセイの字数は、八〇〇字である。今回のエッセイの抽象度は安定しているだろうか。と書いたところで字数が尽きてしまった。

（二〇〇二年一〇月一七日）

37　プロとアマの差

将棋と相撲はプロとアマの差が歴然としているといわれる。この二つの分野では、超一流のアマでも、プロにはまったく歯が立たないという。それこそ、プロが勝負している土俵と、アマが勝負している土俵そのものが違っているというのである。

さて、科学の分野ではどうであろうか。例えば、高エネルギー実験物理学のような分野では、巨大加速器の使用が必要不可欠である。もちろんのこと、このような分野ではアマは手も足も出ず、そして研究者の中ですらこの装置を使用できるグループの独壇場となる。では、地球物理学や地球科学のような、私たちに身近な自然を対象とする学問ではどうであろうか。自然は、プロにもアマにも等しく眼前に横たわっている。

私は、プロとして大事なことは、蓄積されてきた知識を総括し、自分の研究でどれだけさらに進展するのかを見極めつつ仕事をすることであると考えている。研究テーマとして「面白いテーマ」を選ぶことはその通りであるが、その面白さは、過去の研究を踏まえているものでなければならない。庭に散在する石の成分に興味を持ち、片っ端から精密に分析したとしても、それは個人の知的欲求を満たしはしようが、学問を一歩進めたことにはならないのである。疑問を持つことと、その疑問の解決が研究テーマとして成立するかどうかは、まったく別なことである。もし、その疑問に答えるような研究が既に行われているのであれば、単に調べれば済むことであり、もはやプロの研究の対象ではないのである。

繰り返しになるが、科学の分野でのプロの研究とは、過去の研究をきちんとフォローすることで到達点を確認し、その上にどれだけで普遍的で新しい知見を付け加えることができるかを考えつつ行うことである。とはいえ、既にこの一連のエッセイに書いてきたように、私自身は問題設定時におけるアマの発想を大事にしたいと考えている。重箱の隅を突っつくような課題設定に陥らず、夢を大きく、大きく育てるためにも。

（二〇〇二年一〇月一七日）

38　ほんの少しでいいから前よりも…

毎年毎年、何かの量が一％の割合で増えていく（複利計算）と、七〇年で二倍になる。地球温暖化の原因となっている大気中の二酸化炭素濃度の増加率も現在平均一％なので、このままいくと七〇年後には二倍になる。もし一〇％の増加率だったら、二倍になるのはたった七年ほどである。

もう何年も前のことであるが学部二・三年生の学生実験の主任を務めた。実験では年に三つのテーマをこなす。そして、一つのテーマが終わるごとに実験室を清掃する。このとき私が学生に指示したのは、「徹底的に綺麗にしようなどと思わなくても結構です。ほんの少しでいいから、使い始めたときよりも綺麗にしてください」というものであった。この指示が守られ、毎回の清掃で使い始めよりもほんの少しでも綺麗になれば、先の例のように実験室はたちどころに見違えるようになるはずであった。もっとも主任としての実験担当は二年であったので、残念ながらその結果を確かめていない。

一般に、何かをドラスティックに変えようとすると、もの凄いエネルギーを必要とする。そしてそれは先ず、既にあるものを徹底的に「破壊」することから始める場合が多い。もちろん、そうしなければいけない対象も、そしてそうしなければいけないときもあることは否定しない。しかし、すべてがそうではないにしても、私たちの周りには少しずつ変えていくべき、そんな対象も確かにある。もしそれが見つかったなら、一日、一週、一月、あるいは一年を単位にして、前よりもほんの少し変えてみたらどうだろう。コンスタントにこれができたなら、数日、数十日、数か月、数年、あるいは数十年の後に、それは大きく、大きく変っているはずである。

さて、成人して以来、私の体重はほぼ一定の割合で増加する傾向にある。個人的には減量が現在の重要課題である。一か月に一％ずつ落とすとすると、七〇か月後には今の体重の半分になる。これはいくらなんでも急ぎすぎるので、その半分程度でも良さそうだ、いや…。いやはや、私はいったい何の計算をしているのだろう！　（二〇〇二年一〇月三一日）

39　グループ研究におけるハーモニイ

最近、グループによるアカペラが大流行である。私も日本の「ゴスペラーズ」や、そのお手本とされるアメリカの「14 KARAT SOUL」などの大ファンである。その美しいハーモニイに、すっかり魅せられている。

だいぶ前の音楽番組のことであるが、フォークシンガーのＳＫさんが、永遠の若大将ＫＹさんはハーモニイには向いていないと評していた。歌がうまいとか下手とかという話ではなく、彼の声の質が問題なのだという。彼が歌いだすと、他の人の声をまったく消しさってしまうので、結果的にハモることにならないのだそうだ。美しいハーモニイとは、すべてのパートが重なり合いながらも、それぞれのパートがしっかりと主張しているようなものなのであろう。絵の具は重ねれば重ねるほど不透明になってしまうが、光は重ねれば重ねるほど透明になる。ハーモニイという声の重ね合わせとは、この光の重ね合わせのようなものが理想なのであろう。ＫＹさんは、長い間自分で作詞作曲し、そしてソロ歌手として多くの人を魅了してきた。しかし、他人とハモる歌がない裏にはこんな事情があって、それを本人が認識していたからなのかもしれない。

さて、大学に所属している私たちは、日常的に学生を含んだグループで研究を行うことが多い。望ましいグループ研究のあり方も、このハーモニイに喩えられるのではなかろうか。もし、すべてを中心的・指導的立場の人の考え方で押し切ったとしたら、その人一人の「味」はぷんぷんしていても、真のグループ研究の意味が無くなってしまう。この人がいたからこの味があり、あの人がいたからあの部分が生まれ、全体として、誰が欠けてもこのような研究はなかった、そんなグループ研究が理想である。

実際にこのようなハーモニイを奏でることは大変難しいのだが、研究とともに教育を本務とする場に身をおいている私たちとしては、いつも気にするべき重要なことである。現在の私がその考えどおり、これを実践できているかどうかは分からないが、そう目指していることは確かである。

（二〇〇二年一一月二九日）

40 歳月不待

私たちの研究室では、毎年巣立っていく人たちへ、色紙に寄せ書きをして贈る。私は研究室の担任として、その中央付近に何か一言を書くことになる。最近は、四字熟語の中から選んで書くことが多い。なぜその人にその言葉を贈る気持ちになったのかは、実は説明しにくい。ときにはその人に対する感想であったり、あるときは叱咤激励のつもりで、そしてあるときは漠然としているが今後への期待などを表したりしている。既存の言葉とはいえ、贈られる本人との関係で、出来・不出来（？）があることは承知している。これまでは送別会の席上その意味を説明していたが、贈られた本人ばかりでなく周りの人たちも知りたいというので、その言葉の意味を解説するようなごく短い文章を、昨年度から「旅立つ皆さんへ」と題してウェッブサイトへ載せることにした。

さて、では、自分に贈るとしたらどんな言葉になるだろうか。実は自分のためにとっているのがある。それが「歳月不待《さいげつふたい》」である。この四字熟語の意味は分かりやすい。読んで字の如く、「年月は人の都合などお構いなしに、しばしも休まず速やかに経っていくものである」から、「時間を大切にして、今しなければいけないことは努力して行うべきである」という意味である。

私が敬愛してやまないイタリア在住の作家塩野七生さんは、一九九二年から毎年一巻ずつ、全一五巻の予定で『ローマ人の物語』を刊行している。初巻を出版したときの塩野さんは五五歳であり、最終巻を出すころには七〇歳になる。この間塩野さんは、この仕事に集中するという。まさに塩野さんのライフワークである。

私も塩野さんのような壮大な仕事ができればと思っている。それにはまさに、歳月不待の心構えで臨まなければならない。日々目先の仕事に追われて、夢を忘れがちになる自分であるが、今からでもしっかりとした柱を作っていきたいと思っている。二〇〇二年も、もうすぐ終わる。

（二〇〇二年一二月二七日）

41　数に頼れば数に負ける

大学改革の論議が喧しい。国立大学が「国立大学法人」になるのは既定の事実である。どの大学でも、法人化後の大学運営の方針や執行部体制のあり方を巡って、連日激しい議論が続いているのではなかろうか。

理学研究科のある委員会でのことである。本研究科は大きいので、それに見合う人数を上部の委員会に送れるようなルールを全学に提案すべきと主張した方がいた。今後の作業手順を決める会合であったので、本題とは異なるこの議論はそれ以上深まらなかったが、数に物を言わせようとする上記の意見に強く賛意を表する人もいた。私自身は、この議論にまったくがっかりしてしまった。この事項を本格的に議論するときには、反対の大論陣を張ろうと思っている。確かに大学改革の目的の一つは、議論が常にボトムアップ型で時間がかかり、大胆な変革を速やかに実行できない現状を打破するため、執行部権限を一層強化し、トップダウン型の運営体制に移行することである。まさに、大学の運営はパワーゲームになりそうである。そこで、本研究科が不利益を被らないために、執行部に多くの人を送り込んでおかなければならないとする発想が生まれたのであろう。

さて、この話をサイエンスの世界で例えてみよう。多くの研究者が認め、納得している説だからといって、それが正しいものなどと言えるのだろうか。例を挙げるまでもなく、信じている人の多さと、その正否とはまったく無関係であることは、歴史が何度も証明している。「自然の法則は、研究者の多数決では決まらない」のである。

大学こそ良識の府であるべきである。数の論理に頼れば、数の論理に負ける。大学運営で言えば、私自身はありきたりだが、執行部が正しい判断ができるよう常に底辺から意見を表明できる体制や道筋を作っておくこと、そして執行部は少数の意見でも尊重することこそが大切であると考える。科学行政もまた、然りである。すなわち、アカデミック・フリーダムの尊重こそが、科学の豊かで健全な発展に結びつくものと私は信じている。

（二〇〇三年一月三一日）

42　アナログ時計とデジタル時計

液晶の開発が進んでデジタル時計が出たとき、その正確さと安さから、アナログ型の時計は駆逐されるのではないかと思われていた。しかし、登場以来随分時間が経ったが、一向にそのようなことはなく、しっかりとアナログ時計は生き残っている。ちなみに、私の腕時計もすべてアナログ型である。さて、なぜ私たちはアナログ型の時計を好むのであろうか。単に昔からあるので慣れている以上の理由があるように思える。大げさだが、分析してみよう。

アナログ時計は、「時刻」を知るほかに「時間」を視覚として捉える点でデジタル時計よりも優位に立つ。時計を見た瞬間の時刻を知ることが時計の第一の役割であるが、ある時刻からの時間の長さ（経過時間）や、ある時刻までの長さ（残り時間）を、針の角度を通して一瞬のうちに判断できる。またアナログ時計では、時刻を知りたい精度に応じて自在に読める。すなわち、数秒とか数十秒の時間間隔を知りたいのであれば、秒針のみを見ればいい。数分から数十分の精確さで知りたければ分針や時針を見れば十分であり、秒針がどこにいようと注意を払わなくともよい。実際。私たちはこのようなことを無意識に行っている。デジタル時計も結局は同じという反論もあるとは思うが。

また、アナログ時計で「おしゃれ」ができることもあるように思える。時計としての機能ではなく、ファッションとしての機能である。知識は全然無いのであるが、いわゆるブランド物にデジタル時計はないのではなかろうか。また、「手巻き式」アナログ時計に愛情をもって接し、毎日ネジを巻くことを楽しみ、自分も時計も生きているという実感を得るという人もいる。確かに乾電池で動くデジタル時計には、手のかけようがない。

さて、あなたはアナログ時計派ですか、デジタル時計派ですか？　えっ、腕時計なんか持っていない、携帯電話の時計で十分間に合っているですって。そうですか、でも、アナログ時計もなかなかいいものですよ。

（二〇〇三年二月二八日）

43　変身願望

朝起きたら大きな虫に変身していた話はカフカの小説『変身』であるが、私たち誰もが変身願望を持っているのではなかろうか。実際、永遠のヒーロー「スーパーマン」の話を持ち出すまでもなく、変身して「匿名」(大抵マスクをしている)で超人的な活躍をする話は、古今東西、数多く存在している。そういえば、昨年、世界中でスーパーマンならぬスパイダーマンの映画が大人気を博した。

さて、変身して匿名で活躍できるのは、作り話の上だけだが、あるときを境に、変身してみたい、化けてみたいと願うのは、私も含めて誰もが思っていることだろう。ここでいう変身とは、それまでとはがらりと違った行動をしたり、新しい自分のカラーを作ったりすることを指している。皆さんも周りから見られている自分のカラーを、少しは変えてみたいなどと、思っているのではないですか。

変身は、一旦身を隠したり、あるいはそんなに知られていない新たな場所に行ったりしたときにはやりやすい。長期の不在や、職場の変更のことである。しかし、そのような機会は数多く起こるわけではない。それでも、何かの出来事やある区切りを利用すれば、できないこともない。何かの出来事とは、社会あるいは身近に起こった出来事のことである。区切りとは、誕生日や新年、年度の変わり目があたるだろう。結婚などはその最たるものである。私も含め、ほとんどの人は意志がとても弱い(のではないか、また、惰性もあるので、実際変身するのは大変であるのだが。

さて、残念ながら私は、入学した大学にずっと居つづけているので、これまで大きく変身できるチャンスがなかった。今後職場が変るようなときには、是非大きく変身しようと今から楽しみにしている。えっ、どんな風に変身するのかですって？　それは、内緒にしておきましょう、お楽しみに。さて、明日から、二〇〇三年度が始まる。これも一つのチャンスとして捉え、ほんの少しだけ変身してみましょうか。

(二〇〇三年三月三一日)

44　思考も筋肉と同じで…

私たちにとって字を書くことは日常の一部である。パソコンのワープロソフトを使い、キイボードを叩いて原稿を準備する時代であるが、それでも手を動かして字を書くことが実に多い。さて、国内や国外の出張で、数日間からそれ以上、研究室を離れることがある。その後研究室に戻り、いざ字を書こうとすると手がうまく動かず、もともと下手な字がいっそう下手な字となってしまう。出張のときは普段より字を書くことが少なくなるので、あたかも筋肉が退化し、かつ手の動かし方を忘れてしまったかのようになる。

「思考も筋肉と同じで、絶えざる鍛錬を必要とする。言い換えれば、思考怠慢が長くつづくと、カンも鈍ってくるのだ」とは、塩野七生さんの『ローマ人の物語』の一節である（新潮社、XI巻、82ページ、2002）。まさに我が意を得た表現である。私たちはひとまとまりの仕事を終えたところで論文にまとめ、学術雑誌に投稿する。そして数か月後、レビュー結果が届く。必ずしも当を得ていないレビューを受け取ったときの論文改訂作業は、実に嫌な仕事である。そして、実際に改訂作業に着手するまで、自分のモチベーションを高めるのにかなりの時間を要する。この時間は、論文にまとめた仕事に対するカンを取り戻すのに要する時間とも言えるだろう。

数学者でエッセイストの藤原正彦さんは、数学の緻密な証明のためには、集中して考え続けることが重要だと主張する。昼も夜も考えに考えを続けると、証明の困難なステップでも突然閃いて、カンが働いて研究が俄然進むことがあるという。したがって、数学の研究は、時間が十分に取れて、集中力を持続できる若いときが一番なのだそうだ。

皆さんも今以上に思考を鍛えましょう。思考を鍛えるとは、先に述べたように、集中してあれやこれやと考えに考えることです。そして、その結果が「寝食を忘れて研究に没頭する」ことになるのではないでしょうか。これはなんと響きのいい表現ではないですか。皆さんも将来、「あのときは寝食を忘れて研究に没頭した」などと言ってみたいと思いませんか。

（二〇〇三年四月一〇日）

45 「役」を自分にひきつけてしまう役者

俳優のＴＭさんは還暦を過ぎてはいるものの、まだまだ若々しい。最近は、年頃の娘の様々なことに心配しなければならなくなる二枚目半的な父親役をやることが多い。この役は、ＴＭさんにまさにうってつけである。ある人が評するには、ＴＭさんがその役を演じるのではなく、役のほうが彼に近づいていって、どんな役でもＴＭさんの「地」になってしまうのだそうだ。私もＴＭさんに対するこの評価に、まったく同意してしまう。

研究者でもそんな人がいる。地球流体力学分野の名著『Atmosphere-Ocean Dynamics』の著者、故Ａ・ギル博士（1937-1986）は、どんな複雑な現象でも常微分方程式に帰着させ、明快にその力学的背景を考察した人と評される。もう一方の名著『Geophysical Fluid Dynamics』の著者、Ｊ・ペドロスキー博士は、どんな現象に対しても摂動法（perturbation method）で研究する人である。この二人にかかっては、俳優ＴＭさんのように、あたかも自然現象の方が彼らに近づいていって、そして料理されてしまうのである。彼らの研究では、彼らの体臭がぷんぷんしている。何ともうらやましい限りである。

私がうらやましいと思うのは、彼らの自然への理解の仕方に「型」があることである。現象に本質的な要素のみを抽出し常微分方程式に帰着させて理解したり、摂動展開法を駆使して非線形現象でも理解したりするそのやり方である。では私の理解の型は何であろうか。型とは言えないのだろうが、自分ではとりわけ現象の「temporal variability（時間変動特性）」に異常に興味を持っていることと思っている。時系列資料（資料が時間軸に並んでいるもの）を見ると、ついついその変動の背後の物理メカニズムモデルを考え、そして時間変動を予測するモデルを作りたいと思ってしまう。

一九九〇年一〇月、アラスカで開催された国際シンポジウムで、Ｌ・タリー博士は居合わせたＫ・トレンバース博士に、「大気や海洋の時間変動特性にとっても興味をもっている方よ」と私を紹介してくれたことを思い出した。「型」とは言わないまでも、周りの人は私をそんな風に見ているのかもしれない。

（二〇〇三年四月一〇日）

46　木の梯子はかけますが…

だいぶ前のことであるが、集中講義に来られたＴＭ先生から聞いた話である。ＴＭ先生は修士課程に入ったとき、教授から一冊の分厚い専門書を渡され、これを読んで分からないところがあったなら、それを君の研究テーマにしなさいと言われたそうである。そこでＴＭ先生はその専門書を読んで、最終的に自分で納得いかなかったところを研究テーマにしたのだそうだ。

さて、私の研究室では、その人が一番興味を持てる題材の中から修士論文のテーマを選ぶ。私自身、本人が面白いと思ったことを研究するのが一番と確信しているからである。そんな中で、私は生来の心配性だからであろう、修士の研究もある程度の見通しを持った上で始めてもらいたいと思っている。先ずこんなことをやったらこのようなことが分かり、次にこれをやったらこのことが証明でき…、そしてその到達点は新しい知見なので学術論文になります、と。目標を達成するまでの一つの筋道、これが標題に掲げた「梯子」である。「この研究テーマの出口はこんなところかもしれません。しかし、このように木の梯子をかけてはいるのですが…」とは、院生と修士論文のテーマを決めるときにいつも私が表現する言葉である。

「この梯子を上っていけば、その梯子分の高さまでは上ることができるでしょう。しかし、その梯子は木で造られた危なっかしい梯子なのです。ぐらぐらしているかもしれません、しっかり補強しないと途中で折れるかもしれません。あなたは、この木の梯子をもとに、しっかり隅々まで調べ、そして考えて、鉄の梯子にし、あるいはコンクリートでできた立派な階段にして下さい、さらに周辺も十分調べれば、梯子や階段ではなく、そこには崩れることのない堂々とした台地や山ができることにもなります」。

若い皆さんには、こうと選んだテーマを中心に、最初はかけられた梯子を上っていくにせよ、自分自身でしっかりと考えて、周辺を補強しつつ研究を進めていくことを期待しているのです。私たちは支えるにしても、梯子を上っていくのは、ほかでもありません、あなた自身なのですから。

（二〇〇三年四月三〇日）

47 酒飲み上手は注ぎ上手、話し上手は…

日本では、お酒を飲むとき、手酌はいけないとされる。そのため、相手より酒が飲める人たちは、ちょっとした工夫をする。それは、自分のコップが空になったとき、相手のコップが空になっていなくとも先ず相手に酒を勧めることである。そうすると大抵の場合、お返しでこちらにも勧めてくれる。気が利かず勧めてくれないときでも、今度はどうどうと自分のコップに自分で注げることになる。まさに「酒飲み上手は注ぎ上手」である。

顔を向き合わせているのに、何を話していいのかわからず、そして会話をつなげることができず、沈黙している人がいる。もっとも、初対面の人との会話では、多くの人がそうなってしまうのだが。このようなときにも、ちょっとした工夫で話を弾ませることができる。その工夫とは、「問いかける」のに限るのである。つまり、何でもいいから聞きたいことや知りたいことを、相手に質問することである。相手がよほどの偏屈でない限り、大抵の場合、答えは返る。

これは、何かのテーマで話をしたいときにも当てはまる。ある主張をしたいときには、「私はこう思うのだけれど、あなたはどう思います」と聞くことが大事なのである。「ですよね」と同意を求めるのはいけません。「誰々さん、どう思います。へー、そうですか。でも私はこう思うのだけれど。ではこんなときは、あなたはどうですかね。あーそうですか、私は…」と、話が弾む。大事なことは、会話の中で自分がきちんと主張していて、そして、相手にもきちんと主張させていることである。次に会ったときにも、この人は自分の話をきちんと聞いてくれると思われ、さらに話が弾むことになる。まさに「話し上手は聞き上手」である。

饒舌家で他の人の話を一切聞かず、自分のことしか話さない人がいる。これは、口下手な人よりもずっと始末が悪い。そんな人とは、負けずに自分のことしか話さないことに限るのですかね。これではまったく疲れる会話になりそうだ。いやいや、会話とはとても言えない。

（二〇〇三年五月三〇日）

48　「エスカレータ・ルール」と気配り

いつの頃からであろうか、東京でエスカレータに乗るとき、歩きたくなければ左側へ立ち、急ぐため歩いて上ったり下ったりしたいときは右側を利用するようになった。東京では駅に限らず、どこのエスカレータでもこのルールは実に見事に守られている。一方、どちらが天邪鬼なのかは知らないが、大阪では右と左が東京とは逆になるとのことである。

では、仙台ではどうだろう。階段を利用しないとだいぶ遠回りになってしまうのだが、仙台駅の地下から新幹線乗り場へは、四つのエスカレータを利用する。是非、お試しあれ。きっとあるエスカレータでは右側を、また別のエレベーターでは左側を、上ったりあるいは立ったりするはめになる。別に早急にそうすべきであるとはちっとも思っていないのだが、仙台では、まだ東京や大阪のような「エスカレータ・ルール」が確立していないのである。

さて、エスカレータで左と右にばらばらに立って、後ろから上ってきた人が立ち往生しているのに気付かない人が実に多い。エスカレータ上で歩いている人は急いでいるのであるから（そんなに急いでどこに行くとは思うのだが）、どちらかへ寄って譲ってあげること、それが気配り、気が利くというものではなかろうか。みんながこのように気を利かせれば、仙台のような利用者が少ないところでは、エスカレータ・ルールなどは別に無くとも良いはずなのである。

気が利くとは、周囲の状況をすばやく察し、相手が望んでいるであろうことを「さりげなく」行うことである。相手にそうとは意識させないで行うことがポイントではなかろうか。また、逆も然り。急いで上りたいときには、後ろにつまりましたと「咳」でもして、相手に知らせることも気配りである。そうそう、研究室でも、気配りはとても大切。気配りの一つもすればもっと気分良く研究室で過ごすことができる。気配りをするのも気を配らないでするようになれば、これは素晴らしいこと。

（二〇〇三年六月三〇日）

49 Gedankenexperiment

私の大好きな日ごろよく使う言葉の中に、「思考実験（Gedankenexperiment）」なる言葉がある。大学に入った年、教養部の化学の講義で初めて聞いたと思っているが、今や確かではない。思考実験とは、実際に薬品や器具を使っての実験ではなく、その名の通り持っている知識と応用力を頼りに、頭に描いて実験し、結果をあれやこれやと想像することである。研究活動において思考実験はきわめて重要であり、実際誰もがいろいろな場面で、思わず知らず行っているはずである。いや、行わなければ効率の良い研究など、とてもできないのである。

研究活動以外でも思考実験はとても有益である。思考実験はイメージトレーニングとも相通じる。先に「イメージトレーニングの勧め」と題して紹介したが、人前で発表したりするときに、あがらないでこなすためには、その場を想定したイメージトレーニングが実に役に立つ。さて、発表自体は用意周到に準備できるが、そのあとの質疑応答では、思いもかけぬ質問が出て立ち往生したりする。そこで少しでもこのようなことを無くすには、今度は思考実験を繰り返し、事前に想定問答集を準備しておくことが有益となる。

経験を数多く踏むと物事の段取りになれてしまい、次回もうまくいくだろうと油断することが多い。その結果、思わぬミスをしたり、間の抜けたことをしたりしてしまうことがある。催しものや会議などで何らかの役割を果たさなければならない場合、事前にその場に臨んだつもりで頭にあれやこれやと思い描いて（思考実験）、自分の役割を演じてみることがやはり大切。私自身、自分で仕切らなければならないような大事な会議では、特に念入りに行っているつもりである。その結果はともかくも。

と書いてきたが、私はある種の会合では、わざと場当たり的に対応することもしている。大きな声では言えないが、実はその場その場での思いもよらなかった「思考のハプニング（閃き）」を楽しんでいるのである。

（二〇〇三年七月三一日）

50　ここは一つ、馬鹿になってみたら

外国出張中のこと、飛行機への搭乗を待つ間、イギリスのある研究者と、日頃どんな生活をしているかの話になった。私の生活は、月曜から金曜まではこんな風で、土曜や日曜はこんなものですよと答えたところ、イギリスでは「hard work and hard play」という言葉があるが、そんなものだね、との感想であった。周囲の人に比べ、私は取り立てて hard work をしているとも思っていないのだが、彼にしてみればそのように感じたのだろう。彼には、日本でも教師が学生に対して、「よく学び、よく遊べ」という言葉を時々言いますよ、と答えておいた。

さて、私は、最近の若い人は、何事にものめりこまず、ほどよく学び、ほどよく遊んでいるように感じている。若い人は、どこか覚めたところがあって、いつも冷静でなのである。概していいことだとは思っているのだが、時々、これを破って欲しいと思うことがある。特に修士論文の研究が佳境に入っているときに、これを感ずる。

最近の人は、研究も無理をせず、適当なところで善し、と思ってしまう人が多いような気がするのである。論文としてはこの程度で十分ではないかと、勝手に考えてしまう人が多いのではなかろうか。一昔前は、提出の締め切りが迫ろうとも、たとえ、その道が危なっかしい綱渡りのようなものであっても、あたかも錐で未知の世界に穴を開けていくように、どんどんと研究を進めていく人が多かったように思う。逆にこちらが、「締め切りがあるので、解析の作業はもうこの辺でいいから、得られた知見を早くまとめるように」と、気を揉んだものである。しかし最近は逆に、時間があるのに、どうしてもっと先に行かないのか、と思うことが多くなった。

そんな修士の院生に対する最近の私の口癖は、「馬鹿になって下さい」というものである。馬鹿になるとは、こうと決めた目標に向かって、どこまでもしゃにむに進んで下さいという意味である。すべてに分別があるのもいいのだが、皆さん、ここは一つ、馬鹿になってみてはどうですか。

（二〇〇三年八月二九日）

51　深読みされる作家？

この夏、短い休みをとって家族で岩手県を回った。その目的の一つが、宮沢賢治記念館の訪問であった。記念館では賢治の生涯や作品が分かりやすく紹介されており、旅行最後の一日を大いに楽しんだ。生前刊行された賢治の作品はたった数冊なのに、没後何社からも全集が発行され、さらには外国語にも翻訳されて、世界各国で多くの人に読み続けられているという。

さて、これまで私は、なんとなく賢治を敬遠していた。読んでいたのは詩『雨ニモマケズ』だけ。かろうじて『注文の多い料理店』は筋を知っているものの『風の又三郎』、『銀河鉄道の夜』などは名前だけというありさまである。この記念館への訪問は、私の目を賢治に向けさせるのに十分であった。これからは、少し本格的に読んでみようと思っている。

なんという偶然だろうか、この旅行のさなか、毎日新聞に梅津時比古著『セロ弾きゴーシュの音楽論』の書評が掲載された（評者三浦雅士、八月一〇日）。大変面白そうな印象を受けたので、早速賢治の童話集とともにこの本を読んでみた。文庫本ではたった二〇ページほどのこの童話が、音楽論、文明論として一冊の本になって論じられている。梅津氏は、この童話の根底には近代合理主義批判という賢治の深い思索が横たわっていると主張する。ここ数年チェロを楽しんでいる私の連れ合いいわく、「いいわねー賢治って、深読みされる作家ですものね」。賢治の思索以上のことを私たちが勝手に深読みしているのかは分からないが、確かなことは、賢治の作品は独り立ちし、現在も多くの人を魅了し続けていることである。

ところで私たちの「作品」は、自然科学の研究論文である。賢治の作品のように、いつまでも多くの人に新たな思索と感動をもたらすようなものとなりえるのであろうか。論文とは一般に、続く研究の踏み台となり、新知見が旧知見となったところで、その役目を終えるものである。しかし、私には深読みされる研究論文もありえるし、実際あるのではないかと思えてならない。また、そんな論文を今後私が書けたならとも思っている。（二〇〇三年九月二〇日）

52　スポーツのトレーニングと研究

今年のセ・リーグは、阪神のぶっちぎりの優勝で終わった。長いペナントレースを征するには、ストーブリーグにおける戦力の適切な補強と、開幕までの入念なトレーニングがポイントなのだという。今年の阪神の優勝要因は、まさにこの二つがうまく相乗的に機能したと言われる。

プロ野球では、年があけると、自主トレーニングと称して、個々人が走りこみや、筋肉増強などのトレーニングを始める。先ずは、長いペナントレースを乗り切る体力を作るのが一番の課題というわけである。その後徐々にボールを握り、軽い肩慣らしから遠投に移り…。バッティングでは、素振りから始まり、トスバッティング、バッティングピッチャーによる練習へと移り…。ピッチャーであれば、今まで投げていなかった球種をマスターするなど、新しい技術を磨くのもこの期間である。そしてキャンプ終盤になると、試合形式の実践的なトレーニングに入り、いよいよ開幕を迎える。この間の、段階を経た様々なレベルのトレーニングすべてが基礎となって、開幕後の素晴らしいプレーを可能とする。

研究も同じようなことが言えるのではなかろうか。研究という世界中の研究者が競う場において、息長く活躍し続けるためには、それ相応の基礎力を必要としていると思えるのである。成功している一流の研究者は、広い分野で高い識見を持っている。ただ専門のことばかりやっても、視野の狭い、近視眼的な課題でしか勝負できず、すぐに行き詰まってしまう。広い視野と、遠くまで見通す力を貯えてこそ初めて、良い研究の積み重ねが可能となるのではなかろうか。

そう言えば、高校や大学で何らかのスポーツをやってきた人は、一般に研究の進め方が上手なような気がする。修士論文や博士論文など締め切りがあるような場合でも、その期日に向かって、そのときそのときやるべきことを考えて行っているように思えるのである。さて、あなたは、目標を期日までに達成するためには、今一番に何をやるのがいいのでしょうかね。

（二〇〇三年一〇月二日）

53　前を見て、胸を張りましょう

学会は年に一〜二度の顔合わせ、講演を聴くよりも久しぶりに会った人たちとのナイト・サイエンスや、懇親会が重要、とはよく言われることである。確かにそれはそうであるのだけれども、やはり講演をきちんと聴くことを、先ず一番に重要なものとして挙げなければならない。最近は、講演数が多くなったので、一人一題、しかも一つの講演に一〇分から一五分と短い時間しか与えられないが、それでも研究した人の言葉で、その研究を行うに至ったモチーフから結論までを聞けるのであるから、大いに勉強になるし、かつ楽しいものである。

さて、学会講演も、上手な人と下手な人がいる。上手な人は、課題設定のモチーフから解答を得る手続き、そして結論までを、聞き手が知りたいと思うことを要領よくポイントを押さえて話し、最後には聴衆を分かった気にさせてしまう。説得力のある講演とでも言えようか。下手な人はこれとまったく逆で、言葉や発表に用いる題材が多くとも要領を得ず、また、力点のおき方もピント外れで、ちっとも情報が聴衆に伝わらない。

聞き手を納得させ、研究に良い印象を持ってもらうためには、発表内容の他に、もう一つ大事な要素がある。それは発表者の態度のことである。聴衆から顔をそむけ、じっと下を向いて原稿を読んだり、スクリーンばかりみて話したりする人がいる。また、肩をすぼめ前かがみで、実に自信なげに話す人もいる。一般にこのような態度は、講演慣れしていない若手の人に当てはまることが多い。前を見て、どうどうと胸を張って、聴衆に語りかける講演を心がけるのが一番である。すなわち、演者の自信に満ちた態度が肝要なのである。こうすることで必然的に聴衆の顔も見え、反応も即座に知ることができ、講演の中で臨機応変に表現を変えることもできる。

質疑応答の前の発表も、実は話し手と聞き手の「コミュニケーション」の時間なのである。さあ、皆さん、次の学会発表では、前を見て、胸を張って講演してみましょう。きっと、説得力がぐんと増しますよ。

（二〇〇三年一〇月二日）

54　思い切って宣言しよう

今から二〇年前の一九八三年度日本海洋学会秋季大会は函館で開催された。ある夜、一人で夕食をとろうと歩いていたら、九州大学のＭＡさんとＫＴさんに出会った。彼らも夕食に行くというので、ご一緒することとした。当時私は助手になって三年目、院生時代は研究者がほとんどいない河口域の、助手になってからは沿岸域の仕事をしており、私に対して「あの人のテーマはこの分野、興味はこんなところ」とのイメージは誰も持っていなかったのではなかろうか。

そのような状態であったので、ＭＡさんから食事中、「花輪さんはこれから何をやっていきたいの?」と問われた。私の答えは、「大気と海洋が相互に作用しあって、一方がこう変ったからこちらがこう変わり、さらにそれが影響して…。そんな大規模な大気と海洋の相互作用の研究ができたらいいですね」であった。当時は、文部省の特別事業費研究ＷＣＲＰ（世界気候変動研究計画）の立ち上げの準備が始まり、私もその手伝いをしていた時期である。院生と南方定点における熱フラックス[1]と海洋貯熱量[2]の関係、バルク式[3]の係数と平均化時間の関係などを調べてはいたものの、具体的に大気海洋相互作用の研究を進めていたわけではなかった。このＷＣＲＰの準備から、漠然とではあっても、興味が次第にそちらに移っていったときである。

さて、大胆にもＭＡさんとＫＴさんの前で宣言をしたわけだが、その後この出来事がずっと頭に残り、そして研究活動の大枠を括り、現在に至っている自分に気づく。もちろん、この分野の研究は大変面白く、解くべき課題も自分の中で次々と見つかっていて、間違った選択をしたとは思っていない。その後世界中の多くの研究者がこの課題に目を向け、今では、海洋学や気象学、そして水文学[4]、気候学などを巻き込んでの一大研究分野となった。競争相手も多く、成果を出すのに大変であるが、その分やりがいがある。

皆さんもこう思ったことを、誰かに宣言してみてはどうだろうか。きっと実現に向けた推進力の一つになるだろう。もっとも、宣言したはいいが実現に至らないと、狼少年になってしまい信用を失ってしまうこともあるのだが。（二〇〇三年一〇月三一日）

【注】

1　熱フラックス

単位時間（1秒）に、単位面積（1平方メートル）を通過する（横切る）熱の量のこと。単位は、「W/m^2」。

2　海洋貯熱量

海水が貯えている熱量のこと。大気に比べ、海水は単位体積当たりの質量が大きく、また、比熱（単位質量の海水を温度1度上昇させるのに必要な熱量）も大きいので、海洋はたくさんの熱を貯えることができる。

3　バルク式

大気と海洋が海面を通してどの程度の熱を交換しているのかを見積もる式のこと。気温や水温、風の強さなどを用いて計算する。この式の中に、経験的に決められた係数が使われている。この係数のことをバルク係数と呼ぶ。

4　水文学《すいもんがく》

地球に存在する水と、水に関わる諸現象を扱う科学。陸水学《りくすいがく》は湖沼や河川、地下水といった陸上の水を対象とするのに対し、水文学はさらに生物的環境との相互作用を扱うなど、対象の幅が広い。

55 アウフヘーベン

若いときに苦労して得たり、考えたり、身に付けたりしたことは、いつまでも脈々と残るものである。私の中のそのようなものの一つに、ドイツ語の「アウフヘーベン（Aufheben）」なる概念がある。日本では「止揚」と訳される。私が学生のころは普段の会話に随分出てきたように思うが、今ではほとんど聞く機会が無くなった。とは言え、私自身は思わず知らず使ってしまうときがある。私と同年代やそれ以上の人は、この言葉を懐かしく聞いているかもしれない。一方、若い人は、わけの分からん言葉を使っていると思っているのかもしれない。

さて、アウフヘーベンはなかなか理解しにくい概念であるが、私の理解では、相対立する二つの考え方があるとき、両者をより高い立場で統合して解決する、というものである。すなわち、二者択一ではなく、別の視点・観点から、それらを同時に「解決すること」、あるいは、「解決できるはずであるという立場」を意味する哲学用語である。

アウフヘーベンするには、視点や判断の物差しの変更を伴う。すなわち、そのためには自由で柔軟な発想が基本となる。そのような場面に出会ったとき、あるいは悩みを持ったとき、一旦離れて自由な発想をするのは、一般にとても大変なことで、それを分かっていてもできないのが私たちではあるが、それでも、意識的にそうしようとすることが大事なように思える。最近、様々な場面で将来の新しい仕組みを作らなければならないことが多い。そのようなとき、立場、立場で矛盾するような評価や考え方が出てくる。このようなとき、アウフヘーベンできないだろうかと思うことが多い。

皆さんもこれから、きっと相対立するような状況に出会うことや、どちらとも選択しかねる状況に出会うことがあるに違いない。そのようなとき、この「アウフヘーベン」という言葉を思い出してみよう。二者択一とは違った、別の解決方法がきっとあるはずである。アウフヘーベンは、八方ふさがりの蛸壺からの脱却の試みでもある。

（二〇〇三年一一月二八日）

56　最後は居直り

最近、研究集会などで「これこれについてあなたの考えを聞かせて下さい」という話題提供を求められることが多い。研究の話ではなく、今後の研究推進の方策など、あるテーマに対する考えを披露して下さいというものである。特に今年は、この手の話題提供の話が多かったと感じている。実際、この一一月に開催された国際集会「First Argo Science Workshop」では、「Argo's Role in Climate Science」と題する大上段に振りかぶらなければならないような基調講演も頼まれた。

私にとって研究や自分の考えを話す時間が得られることは、何よりも嬉しいことであるので、依頼に対しては時間の許す限り応えたいと思っている。しかし、受諾してしばらくすると、後悔し始める。研究発表ではないので、どのような話をしようかと迷い、また、準備した話が依頼した側の意図と合っているのかなどと、心配になってしまうからである。

準備中はあれやこれやと迷い、そして悩み続けるものの、時間が押し迫って結局これでいこうと決心するときがくる。この瞬間、私は居直ることにしている。「この件に関してはこれが今の私の到達点」であり、これで期待に応えられなかったら、自分が至らなかったのであり、こんな私に講演を頼んだ方が私を見る目が無かったのだ、と。最後に居直ることで、私の講演準備は終わる。このとき以後、あまりくよくよと悩まないことにしている。居直るのは発表の前日のこともあるし数日前のこともある。その長さは機会ごとに異なるが、いずれにしてもそれ以後は晴れやかである。

さて、私が今年行ったこの手の話題提供はどういう評判だったのだろうか、気になるところである。その評価は、今後も「あなたの考えを聞かせて下さい」と依頼されるかどうかで分かるだろう。「あー、あの人に話させて良かった」、「では、これについてはあの人はどう思っているのだろうか」と思っていただけたなら、こんなに嬉しいことはない。そのためにも、いつも様々なことに自分らしい考えを持っておこうと思うのである。（二〇〇三年一二月二六日）

57　男子優先のピンマイク

昨年九月の海洋学会でのことである。講演会場が大きいので、拡声装置を利用しての発表になった。ある会場では講演者に対しハンドマイクではなくピンマイクが準備されていた。さて、私の研究室に所属する女子院生の講演になった。彼女はピンマイクを着けたのだが、マイクに声がちっとも入らないので、発表を途中でストップせざる得なくなった。

これはまったく単純な理由から起こった出来事である。ピンマイクは右側から左側へ刺して着衣に着けるようにできている。男性ならワイシャツやネクタイ、あるいはスーツに着けることができる。Tシャツなどは困るが、大抵の服装で問題はない。ところが女性の場合は、多様な服装なので、ときにはマイクを着けられない事態が起こる。また、ブラウスを着ていても、男性と合わせ方が反対なので、左側から右側へ刺すことになる。その場合、マイクが下向きになってしまう。それが、マイクに声が入らなくなった理由なのである。現在のピンマイクは、実に男性向きに作られていると言わざるを得ない。このエピソードは、身の回りの多くのものに、思わず知らず、少数者や弱者の事情を無視したことが行われていたり、あるいは物が作られていたりしていることを物語っている。

大学においても、無意識のうちに男性重視の、結果として女性の立場を無視したようなことをしているのでないかと気になっている。もっと根本的なこともあるのかもしれないが、このようなことが積み重なって、男女教員比率のアンバランスが出来上がっているような気がするのである。

そのようなものの一つに、日中は忙しいからとの理由で、委員会などを勤務時間外に設定することが挙げられる。家事をしなければいけない立場の人にとって（多くの場合は女性であるが）、どんなにか迷惑なことだろう。私も多くの委員会を招集する立場に現在なっているが、できるだけ勤務時間内に終わるよう、会議時間の設定に努力をしているつもりである。ほんの小さな努力なのだが、いつかきっとこれが常識になると思っている。（二〇〇四年一月三〇日）

58　ビル建設と誤差関数

一九九五年三月、現在のマンションに引っ越した。その後、続々とは言わないまでも、周辺に多くの建物が新築された。一昨年から昨年にかけては一五階建てのマンションが南側に建てられ、そしてちょうど今、五階建てのアパートが西隣に建設中である。一四階建てマンションの一一階にある私の部屋のベランダから、これらのビル建設の様子を詳しく見ることができた。

これまで上からじっくりとビル建設を観察することなど無かったので、この間とても面白い経験であった。鉄骨造りの大きなマンションも、鉄筋コンクリート造りの小さなアパートも、たった二週間くらいで一階分を作っていく。あれよあれよという間に、急速に外形ができていくのである。決して多くはない作業員で、実に手際よく作られる。しかし、印象的なのは、基礎作りと、そして外から詳しくは見えないのだが、内部の仕上げに多くの時間がかかっていることである。実際、ビル一階分を作る時間の何倍もかかっている。マンションの基礎工事では、多くの基礎杭が打たれ、そして深く掘られた孔には大量のコンクリートが流される。また、外形はできても、内部の作りや外観の仕上げに、多くの時間と人手がかかる。

さて、これらビル建設の様子は、研究の進展の様子とまったく同じと思える。研究に着手して先ず時間がかかるのは立ち上げの場面である。研究の方針は決まっていても、当初の思惑通りに進むとは限らない。いつもあれやこれやと右往左往、そして試行錯誤することになる。この段階を経て漸く陽光が見えると、あとは一直線で、作業はどんどん進む。しかし、結論が見える最終段階になると、また時間がかかるのである。隅々まで気を配り、誤りはないか、抜けはないか、論旨は一直線で明快か、結論をさらに補強する材料はないかと、あれこれと時間を費やすことになる。

縦軸に進捗率（あるいは完成度）、横軸に経過時間をとると、ビル建設の着手から完工まで、そして研究の立ち上げから仕上げまでは、どちらも「誤差関数」(1)のような曲線を描くのである。

（二〇〇四年二月二七日）

【注】

1 誤《ご》差《さ》関《かん》数《すう》

横軸をX、縦軸をYとするとき、Xが負の無限大でYはマイナス1に、正の無限大でプラス1に漸近し、Xが零付近でYがマイナス1からプラス1に急激に変わる関数のこと。外見からは、工事が始まってもなかなか進捗しているようには見えず、途中でぐんぐんと進捗し、最後はまた進捗が止まったかのように見える建設の状態を、この関数を引用して表現した。

59　理論屋、実験屋、観測屋の議論

自然科学の大抵の学問分野において、研究手法には理論的な研究、数値モデルや模型を使った実験的な研究、観察・観測資料に対する解析的な研究の三つの手法が存在する。一人ひとりの研究者は、これらの手法をすべて駆使しているわけではなく、自分が得意とする手法を採用する。学問にとってどの手法が王道でもなく、三つの手法による研究が螺旋を描くように進み、互いに刺激しあうことで進展が加速される。

さて、最近は自分の意志とは無関係にそのような立場になったのであるが、国立大学法人への移行のさなか、多くの人と議論する、いや、しなければならない機会が実に多い。そのような場で様々な方の意見を聞いていると、やはりその人が採用している研究手法によって、思考の仕方、問題解決へのアプローチの仕方が異なるとの印象を持つ。

実験屋は、直観力に優れており、大胆かつ斬新なアイデアを次々と出す。そして決断も早いが、一方で諦めも早く、論理の蛇行などはあまり気にならない。理論屋は、ある仮説のもとに思考実験をすぐやりたがる。筋が通っていることこそが価値があるので、筋を通すことを最優先させる。観測屋は、どうしてそうなったのか、現状はどうなのかをすぐ観察・分析したがる。現状のあるがままを詳細に観察し、その理由をひねくりだす。そして、その延長上に将来を考える。

何かを議論するにしても、学問の進展と同じように、実験屋、理論屋、観測屋という三つのタイプの人が相応に参加し、それぞれの主張を戦わせることで良い結論が生まれるような気がする。特定のタイプの人だけでは、偏った議論になり、偏った結論を出すのではなかろうか。もちろんこのような感想は、身の回りの例をもとに述べたもので、異論もあるだろうし、多くの例外も存在するかもしれない。でも、なんとなくそう思えるのである。

ところで、あなたは何屋さん？　先の表現に従えば、私は××屋ですかね？　ちなみに私の連れ合いからは、あなたは○○屋と斬られてしまいました。

（二〇〇四年三月三〇日）

60　雑誌が届いたら

毎月毎月、多くの学術雑誌が手元に届く。個人購入の雑誌と研究室購入の雑誌を合わせると、一〇誌以上にも達する。数日に一誌の割合で、新着雑誌が机の上に置かれることになる。これらの雑誌には多数の論文が掲載されており、この分野の研究が日々着実に進展していることを実感できる。

さて、雑誌が手元に届いたときに私がやることは、先ずはすべてのページを「めくる」ことである。どの雑誌も例外ではない。論文題名、セクション名、そして図、ほとんど瞬間的にしか見ていないが、それでも私たちの分野の中でも特にどの領域で、どのような手法で、何に興味を持って研究がなされているのかが、おぼろげながらでも見えてくる。そして、私たちに直接関与する論文はもちろん、自分の守備範囲としていない分野でも気になった論文には付箋を付ける。その多くはそれ以後付箋を付けたままになってしまうのだが、中には後で思い出して再び手に取ることもある。

今や必要な論文はインターネットで検索でき、また、論文をＰＤＦファイルの形で自由にダウンロードできる時代になった。検索エンジンにキイワードを入れれば、一瞬のうちにどのような雑誌にどのような論文が掲載されているかが分かる。また、引用回数を調べれば、どれだけ注目されたかも分かる。海外の雑誌は手元に届くまで時間がかかるので、インターネットの方が時間的に早く情報が得られることも事実である。さて、一見、雑誌の役目は済んだかのようにも見えるが、予期せず面白そうな論文に偶然巡り合うためには、ページをめくることが一番である。雑誌の効用、良いところはこんなところにあるのだと思う。

皆さんも、雑誌が届いたら、ぜひ直接手に取って、すべてのページに目を通しましょう。これはたいした時間もかからず、実に簡単なこと。今、世界の中で何が進んでいるかが分かります。もっとも、その仕事は一～二年前には終わっており、現在の著者は、その続きの研究を既に行っていることに注意しなければならないが。

（二〇〇四年四月八日）

61 Beyond Correlation

私の恩師の一人、ＳＴ先生がこの三月に定年ご退官を迎えられた。その記念パーティに先立ち、先生が関連する分野のこれまでの進展を振り返り、今後の発展を目指す方策を議論するシンポジウムが開催された。私は、話題提供者の一人として、海洋物理学の分野からの期待と提言を行った。ＳＴ先生には、学部から修士時代にお世話になったのだが、先生は他大学に移られ、研究分野も純粋海洋物理学からは少し離れたものであった。

さて、私たちは物理学を基本としているが、対象は地球規模であり、また、海洋は大気や陸面などと相互作用系を構成しているので、変動現象の背後にあるメカニズムについて、決定的な結論を出すことが極めて難しい。このような状況の中で多用されるのが、統計解析の中ではもっともシンプルな解析手法の一つである「相関解析（correlation analysis）」である。背後にある物理的メカニズムがたとえ不明瞭であったとしても、二つの物理量の間に有意な相関があれば、因果関係（cause and effect）を強く示唆していると見なすことができる。そのためこの分野では、苦しいときの神頼みならぬ、相関解析頼みになっているのではなかろうか。

私は、話題提供の中の一つの項目で、「Beyond Correlation（相関解析を越えて）」と題をつけて、もっと直接的にメカニズムに迫ろうではないかとの提案をした。実はこの用語は私の発案ではなく、その少し前に届いた雑誌の、今年のシンポジウム・カレンダーの中にあった気象学に関する国際シンポジウムの副題であった。雑誌のページをめくる中で、向こうから勝手にこの言葉が目に飛び込んできて、私自身唸ってしまったのである。これは常日頃、私自身がそう思っていたからに他ならない。

シンポジウム終了後、参加者の一人から、「Beyond Correlation」、あれは良かった、印象に残ったとのお褒め（？）の言葉を頂いた。さて、こう宣言したからには、皆さん、これからは「Beyond Correlation」を合言葉に、研究を進めようではないか。賽は投げられたのである。

（二〇〇四年四月八日）

62　プロとして…

我が国歌謡界の最高の歌手、美空ひばりさんが亡くなったのは一九八九年六月二四日のことである。このとき私は、東京大学海洋研究所の淡青丸で研究航海中であった。船上でこのニュースに接し、まさに「巨星墜つ」の感慨を覚えたことを思い出す。さて、この航海中、ある乗船者の家族に緊急事態が発生したため、三重県新宮港に入港し、一晩停泊することになった。そしてその夜、院生数人とカウンターのみの小さな居酒屋に出かけた。

居酒屋では男性三人が既に楽しんでいた。場違いな私たちは闖入者以外の何者でもなかったが、この方達との会話が始まった。私たちが海洋観測をしていることを知ると、中の一人が、エルニーニョが始まると南太平洋の海流や海洋構造がどのように変化するかを尋ねてきた。残念ながら私には断定的な知識はなかった。当時、世界レベルでも南太平洋はまだ未知の世界であったと思う。しかし、彼は「税金を使って研究しているのに、分からないはないだろう」と突っかかってきた。思わずこちらも、「専門家だからこそ、あやふやなことは答えられないのです」と応酬した。口論状態になりかけたとき、彼の連れの人が間に入って丸くおさめてくれた。この方は数隻のマグロ漁船を持つ船主であり、私に問いただしてきたのはその中の一隻の漁労長であった。

さて、美空さんは子供のときから天才歌手と言われ、また、その後も常に精進を続け、最後まで我が国歌謡界のトップの座を保ちつづけた。美空さんは、歌謡曲や民謡はもちろん、いわゆるグループサウンズ的な歌まで幅広いレパートリをこなした、まさにプロ中のプロであったといえる。

私が海洋物理学の専門家（プロ）と宣言した新宮の居酒屋での出来事は、本当にプロの研究者としての対応であったのだろうか。この出来事は、私の苦い思い出の一つである。なおこの後、船主さんからはマグロ漁のときに観測した多数の表層水温データが何度か送付されてきた。私もお返しに、遠洋水産研究所が作成した最新の水温図などの資料を送付している。

（二〇〇四年四月三〇日）

63 最初の一文、最後の一文

とても忙しいように見えますが、毎月毎月よくもまあ書き続けていますね、とはこのエッセイを読んで下さった方からの感想である。もちろん、すぐテーマが決まり、文章がすらすら出てきて、短時間で難なく書いているわけでは決してない。むしろ、七転八倒、苦労して書いているといった方が実情をよく表している。

さて、エッセイのテーマが生まれるのは、多くの場合、新幹線の中か、出張先での一人ナイト・サイエンスのときである。新幹線の中で論文を読んだり、果ては論文を書いたりしている人も大勢いるらしい。しかし、私にはそれができず、小説などの本を読んでいるか、あるいはただぼんやりしていることの方が多い。もっとも最近は、ぼんやりを通り越して居眠りしてしまうことも多い。この新幹線でのぼんやりの中や、また居酒屋での一人ナイト・サイエンスの中で、脈絡もなく突拍子もない考えが浮かぶことがある。それがエッセイのテーマとなることが多い。そのとき、いつも持ち歩いている小型のノートにメモが取られることになる。

しかし、たとえテーマが決まっても、エッセイが必ず最後まで仕上げられるわけではない。エッセイが完成するのは、最初の一文と最後の一文が収まったときである。落語の「まくら」と「落ち」のように、先ずは読者を引き付け、そしてストンと、しかし余韻を残して終わることができるかどうかである。いくら中身の文章ができても、とりわけこの「落ち」が決まらないと、いつまでも未完成のままとなる。実はこのような未完成のエッセイが幾つも幾つも存在している。しかしあるとき、突然落ちがみつかり、そのエッセイが永い眠りから目を覚まし、日の目を見ることもある。

ところで私たちの仕事の結晶である論文ではどうだろう。確かに最初の一文で何を述べるかは大変苦労する。しかし最後の一文は、「今後この分野の研究がさらに進められるべき」などと、紋切り調にしていることが多い。これはひとまず反省なのだが、それにしても、論文に落ちは必要なのだろうか？

（二〇〇四年五月三一日）

64　マンションの広告チラシ

木造アパートから現在のマンションへ引っ越したのは、もう一〇年も前のこととなった。本や物が部屋中に溢れて手狭になったこと、帰宅後も音楽をそこそこの音量で聞きたいことなどの欲求がでてきての引っ越しだった。しかしそれまでマンションの研究などしたこともなく、購入に際しては、職場である大学と土・日に帰宅する山形の家、双方へのアクセスが良いという立地条件ばかりで選んだ、言わば衝動買いのようなものであった。

しかし、住みはじめたとたん、他のマンションの構造や間取りなどがとても気になりだした。そしてそれ以降、新聞に折り込まれたマンション広告のチラシのほとんどすべてを保存している。マンションもどんどん便利に、快適な生活空間の創出を目指して進展してきたのがよく分かる。今や、私の部屋から十数棟のマンションが見えるほどになった。仙台の中心部が高層マンションで覆われてしまうのではないかと思うほどである。

そしてチラシを集めだしてから、マンション広告のチラシに描かれた部屋の間取り図に、お酒の入ったコップを片手にあれやこれやと家具の配置を描くことが楽しみとなった。ベッドやテーブル、机はここに、テレビはこっちでパソコンはあっち、観葉植物の鉢はここところに置いて、などと思い描いては家具の配置を描くのである。近々に再び購入することなどもちろんあり得ないとはいえ、図上に新しい生活空間を想像・創作するのだから、これは実に楽しい時間である。くたびれてきた車から乗り換えようと新車を選んでいるときの、あのワクワクした気分と同じである。

さてマンションの間取りに家具の配置を描くのはお遊びだが、旅行のスケジュールを決めるときと同様、自由に時間の過ごし方を思い描くことができたなら、きっと楽しいはずである。皆さんも残りの学生時代の計画をたてながら楽しんでいるのではないですか。もっとも、残念ながら現在の私にはやらなければいけないことが山積し、これらを思うたびに苦痛になるのですが。

（二〇〇四年六月三〇日）

65　ジグソーパズルと「my ocean」

ジグソーパズルを早く完成させるにはコツがあるらしい。先ず、同じ色調や柄の似ている「ピース」同士を集めて幾つかのグループに分けた後、模様が明らかな部分や、一番端の部分など、分かりやすいところからブロック毎に組み合わせていくことが、完成への早道であるという。確かに闇雲に、脈絡無く組み合わせていくのは愚の骨頂だろう。

さて、私たちは海洋という対象を相手に、その全貌を知りたいと願って研究している。海洋の中でも、私たち一人ひとりが研究対象にと選んだのは、自分にとって特に気になるところ、組み立てるのがもっとも面白く思えるところである。一歩一歩自分の研究によって新しい知見を加え、そして海洋の全体像を、すなわち、「my ocean」の完成を目指す。「my ocean」を完成させるためには、一人で何から何までやるわけにはいかない。必然的にこれまでの知見や、同時並行して他人がやっている研究を動員する必要がある。いわば、自分も含め、色んな人が作ったピースを用いて「my ocean」というジグソーパズルを完成させるようなものである。

ところでジグソーパズルは、完成後にどんな絵になるかが予め知らされている。それをガイドにして組み立てることができる。しかし、私たちの「my ocean」は、完成後の絵が分からないままに組み合わせているようなものである。他人の論文や他人の話は、すべて一つのピースである。私たちが今持っている絵柄にフィットするであろうか。もちろん、すぐフィットするものも、フィットしないものもあるだろう。しかし将来、うまくフィットするかもしれないので、ひとまず脇に置いておかなければならないものがあるかもしれない。

セミナーや学会でよく寝ているあなた、あなたです。折角の話を聞き逃すとは、勿体無いことをしているとは思いませんか。自分で作らなくとも、あなたの「my ocean」の完成に役立つピースを提供してくれているのですよ。そんな風に考えれば、どんな話でも私たちの役に立っているのである。

（二〇〇四年七月三一日）

66 「悪法も法なり」だが…

コミュニティができると、様々な物事のルールが決められることになる。そのような中で、決められたルールに対し、何が何でも自分は同意できず反対であるからそのルールには従わない、他の人はどう思おうとその結果どんなことになろうと独自路線を貫く、という人たちがいる。このような人たちが出てくると、コミュニティ内での公平性が保たれなくなるなど、大変困った事態に陥ることになる。

自分が正しいと思う道を、妥協せずに歩もうとすることは、それはそれで大変結構なことである。しかし、自分が所属する様々な単位のコミュニティで、一旦ルールが決まったら、先ずはそれに従って物事を進めるべきであろうと、私自身は常々思っている。その意味で、私はまさに「悪法も法なり」の立場を取っているのである。そして、自分がそのルールに納得できないのなら、決められたルールで当面進めつつも、その不当性や不合理性を訴え続け、改める努力をすべきものと考える。

さて一方で、ルールは守られるべきであると、それだけを声高に叫ぶ人たちもいる。これは既に決められたルールだからの一点張りで、制度を維持しようとする人たちである。実は、コミュニティのルールを守らない人たちと同様、この人たちも大変困った人たちである。往々にしてこのような人たちは、そのルールの成り立ちや正当性、合理性を、深く掘り下げて考えていないように思える。なぜなら、そのルール自体についての話し合いが、この人たちとは成り立たないことが多いからである。

そもそも、ルールや方針作りの過程が大事なことは言うまでもないが、周囲の状況は時々刻々変わっていくのであるから、ルールに対する普段の検証や見直しも、同時に大事であると思っている。すなわち、「悪法も法なり」なのだが、同時に、当然のこととして「悪法であれば改められるべきもの」と、私は思うからである。さて、皆さんはどう思いますか。ケースバイケースで一概には言えないのは、その通りなのですが…。

（二〇〇四年八月三一日）

67　梶浦欣二郎先生のこと

梶浦欣二郎先生（六月二三日ご逝去、享年七八歳）とはここ数年、学会でお会いできず不思議に思っていました。それでもこの四月に叙勲を受けられましたので、事情があって学会には出てこないが、お元気でお過しのことと思っておりました。そのような中、六月二三日の夕方、学会幹事会のメールで突然先生の訃報を知らされ、愕然としてしまいました。

いつ先生に最初にお会いして会話をしたのか、記憶は定かではありません。恐らく助手になって、しばらくしてからのことだろうと思います。その後、学会でお会いするたびに声をかけていただくことになりました。私たちのグループの研究に対して、よく質問もして下さいました。また、学会の色んな発表に関して、いろいろ感想を話して下さいましたし、また私に感想や意見などを求めても下さいました。このときの会話に溢れる先生の知性に触れ、私は先生のことを、「学会の見識人」と密かに呼んでいたものです。

さて、私にとって残念なことについて記します。先生は退官後、東京大学出版会から「海洋力学」（これが正式な題名かは分かりませんが）の教科書を出されると、本人からも、周囲の方々からも聞いておりました。私は何回か、「先生、教科書執筆の進捗状況はいかがですか」とお訊きしたものです。あるとき先生は、「ウーン、君ねー（先生の口癖）、観測からこうも面白い事実がたくさん出てきては、理論が追いつかなくてね」と言われたのを思い出します。それと教科書の執筆との関係は何だったの分かりませんが、先生の「my ocean」、「梶浦」海洋力学を待ち望んでいたのです。しかし、もう手にすることは叶わなくなりました。

梶浦先生には、私の拙いエッセイを年に二回、この四月にもお送りしました。最後にお送りしたエッセイは読んでいただけたのでしょうか。ある学会のとき、「君のエッセイは、酒の肴にはもってこいの題材だ」と仰っていただいたのを思い出します。しかし、エッセイを酒の肴に、先生と一緒に飲むことも叶いませんでした。梶浦欣二郎先生、安らかにお眠り下さい。合掌。

（二〇〇四年九月三〇日）

68 「うまくいっている間は変えません」

我が国の現場海洋観測をリードされてきたＴＫ先生に、このたび学会から賞が授与された。受賞対象業績の一つが、海洋観測技術の向上である。ＴＫ先生は早くから新しい観測技術を開発したり、海外から導入したりして、先生でしか得られないデータを取得してきた方である。ＴＫ先生からは、これまで先生の体験に基づくいろいろな話を聞くことができた。中でも印象的な話の一つは、「うまくいっている間は変えません」というものである。

海水は、豊富に溶存している塩類や酸素のために、ほとんどあらゆるものを錆びさせたり、溶かしたりしてしまう。また、海面付近での長期観測では、厳しい気象条件や波浪条件のもとで観測機器を維持しなければならない。海洋にはさらに、魚も含めた生物活動もあるので、観測機器や計測システムの設計は陸上のものとは比較にならないほど難しい。

さて、先生がいち早く導入したものに、「係留系」がある。鉄道のレールを束ねたものを錘として、途中や上端に浮力材を付けてロープを張り、そこに流速計や水温計などの測器を取り付けた計測システムである。設置からある時間が経過したところで、錘を切り離して系を浮上させ、観測機器を回収する。当初は何度も失敗したというが、今ではすっかり確立した技術となっている。ＴＫ先生はこのシステムの開発中、もし、それまでうまくいっていたシステムであれば、使っている材料、システムの構成などは絶対に変えない、ということであった。これが「うまくいっている間は（計測システムを）変えません」である。うまくいっている間はたとえ部分的に改良の余地があるように見えても、手を入れないという姿勢である。

様々な制度や仕組みを作ったとき、部分的に改良したくなるときがある。もちろん、部分的改良を経て次第に完全なものに近づくことも多い。ＴＫ先生の考えは、しかしときには、部分的改良がシステム全体をおかしくすることもあるのではとの考えである。「うまくいっている間は変えません」、これもなかなか教訓的ではないかと思っている。（二〇〇四年一〇月七日）

69　遊びの勧め

私の同級生にＨＭ君がいる。彼の博士論文の目玉の一つは、風波の高分解能スペクトル[1]の提出である。信頼性のあるスペクトルを得るためには、周波数方向にフィルターをかけ周波数分解能を落とすか、多数のスペクトルをスタックする（重ね合わせる）かの、どちらかをしなければならない。ＨＭ君は、当時研究室に導入したばかりのミニコンを利用し、一〇〇本ものスペクトルを重ねあわせて周波数方向の分解能を落とすことなく、信頼性の高いものを得たのである。その結果、主ピークを挟む両側に、有意な副ピークを発見した。この発見は、風波発達の理解に重要なものとなった。

さて、コロンブスの卵と同じで、上記の仕事は言われてみればまったく簡単なことである。しかし、当時、大型計算機センターでスペクトルを計算することも一仕事で、さらに一〇〇本ものスペクトルを計算するにはかなりの料金もかかるものであった。それが、研究室にミニコンが導入されたおかげで、多少時間を占有しても、計算自体は無料となったのである。ＨＭ君は、これ幸いと、一〇〇本ものスペクトルを計算し、それらを平均することで信頼性の高いものを得たのであった。私は当時、ＨＭ君から「この仕事は遊びで行ったものです」との話を聞いている。

現在のパソコンは一昔前の大型汎用計算機並の能力を持つと言われる。個人でパソコンを持てば、数値モデルの計算は別として、時系列解析や統計解析は、いとも容易にできてしまう。一昔前では想像もできない計算機環境である。

さて、計算機に計算させるのは私たちである。計算機は、どんなつまらない計算、どんな面倒な計算でも、黙ってやってくれる。どうだろう、解析のアイデアを思いついたら、ここは一つ、計算機にやらせてみようではないか。人間と違い、不平も言わずにやってくれる。思考実験で答えが見つからないようなときこそ、遊びでやらせるのです。遊びの中から、ＨＭ君の例のように、新発見が生まれるかもしれない。

（二〇〇四年一〇月七日）

【注】

1　スペクトル

現象が持っているエネルギーの大きさを、周期（あるいは周波数）ごとに分解して表現したものをスペクトルと呼ぶ。海の表面にできる風波《かざなみ》という複雑な現象も、スペクトルを計算することで、その本質に迫ることができる。

70　定型表現はデジタル思考

新聞や雑誌の表現、いわゆる活字での表現ではそうは目立たないのだが、テレビやラジオのニュースなどでの表現に対し、とても気になるときがある。それは、定型的な表現を聞いたときである。例えば凶悪事件の報道。容疑者が留置所で食事を取ったときの表現の一つは、「ぺロリと平らげた」である。容疑者が食欲旺盛な姿を表現したものであるが、加えて、ちっとも反省などの素振りを見せないことを、ほのめかしている。また、芋煮会など屋外で行われる行事の報道。その最後の表現は、「舌鼓を打っていました」である。みんなが美味しそうに食べて満足している様子、そしてこの行事の成功を、ほのめかしたものであろう。

さて、小説などの文学の世界ではどうだろう。定型表現こそ、もっとも嫌われるものではなかろうか。出来事といっても同じものは二つとなく、そしてそれに対する感じ方はその時々で千差万別であり、連続（アナログ）的である。決して定型（デジタル）的ではないのである。そのとき一回限りの様子や、それに対する感じ方の微妙さを、いかにうまく表現するのかが文学であり、それこそ作家の力量が問われるところではなかろうか。

若い人たち、特に女の子の間でも、このような定型表現が多用されているらしい。何でも「超…」や「微妙」だそうだ。携帯電話での電子メールの世界では、多くの種類の「絵文字」が頻繁に使われているらしい。しかし、私には、このような定型表現は受け手に自由な解釈をさせず、とても内容が貧弱であるように思える。いや、むしろわざとそうしているのであろうか。私たちはもちろん文学者ではないが、それでも感じたことをデジタル的な表現ではなく、アナログ的に表現する力を持つべきであると、常々思っている。定型表現を多用することは、思考停止に繋がるのではないかと思うからである。

定型表現は誰もが同じように理解してくれる便利なものとして多用されているのであろうが、頼りすぎるのはいかがなものであろう。さて皆さんは、定型表現に対してどんな感じを持っていますか。（えっ、私のアナログ表現賛歌は、「アナクロ」ですって！）

（二〇〇四年一〇月二九日）

71　旅の道連れ―本との巡り合い―

本当の意味での「旅」に出るのは年に一～二度だけ、それも家族旅行であるが、その代わり、出張は勘弁して欲しいほどの回数をこなさなくてはならない。さて、その移動の途中では、論文を書くことはもちろん、教科書や論文を読むことも、予定されている講演の準備すらも一切せず、専ら本を読むことに時間を費やしている。そのため、出張カバンの中には、買っても読んでいない本や、読みかけの本が入れられることになる。私にとっての「旅の道連れ」は、本なのである。

ときどき、持参した本を思いもかけず早く読み終えてしまうことがある。そのようなときは、出張先で本屋に駆け込み、面白そうな本を物色することになる。仙台駅構内の本屋はもちろん、東京駅構内や名古屋駅近くの地下街の本屋、千歳や成田の空港内の本屋には、何度もお世話になっている。毎週末、本屋に行くことが習慣となっているのだが、出張先の本屋では、普段は目にとまらなかった思いもかけない本に巡り合うことが多い。

最近のそのような本に、東京駅構内の本屋でみつけた『素人のように考え、玄人として実行する』（金出武夫著、PHP文庫、2004）がある。それこそ早く読んで欲しいといっているかのように、本の方から勝手に私の目に飛び込んできたのであった。著者は著名なロボット工学の専門家で、京都大学を経て現在カーネギーメロン大学の教授をされている。この本のスローガンは、「素人発想、玄人実行―すなおに考え、緻密に行う―」である。先に私は「アマらしい問題設定を」と題するエッセイを書いているが、同じような主張が詳しく展開されていた。著者の考えに同意できる点が非常に多く、この本は皆さんへの私のお勧めの一冊である。

読んでワクワクするような気分になる本が思いもかけず出張先で見つかり、移動の途中で読み終えることができると、出張の本務とは別に、その出張で得をしたように感じてしまう。さて、今度はどんな本が「旅の道連れ」になるのだろうか。出張のときの、私の小さな楽しみの一つである。

（二〇〇四年一一月三〇日）

72　研究の進展における「ポアンカレ三段階論」

最近読んだ大江秀房氏の『早すぎた発見、忘られし論文』（ブルーバックス、2004）の中に、ポアンカレについての章がある。ポアンカレは科学上の発見は時間的に三段階を経てなされると主張しているという。彼の著書『科学と方法』所載の「数学上の発見」（第一篇第三章）の話である。三段階とは、解くべき問題ができた後、暗中模索の状態で関係ありそうな事実を収集する段階、常に考えている中で無意識のうちに「天からの啓示」を得て、突然閃いて仮説ができる段階、そして見出した仮説の正しさを実証するために行動する段階のことである。

この第二段階の「天からの啓示」の表現が気になり、実際どのようなことなのか、原著（吉田洋一訳、岩波文庫、2000）で確かめてみた。彼は自身の一連のフックス関数の研究の中から、幾つかのエピソードを挙げている。研究が行き詰っている中、「どこかへ散歩に出かけるために乗合馬車に乗った。その階段に足を触れた瞬間、（中略）突然わたくしがフックス関数を定義するのに用いた変換は非ユークリッド幾何学の変換とまったく同じであるという考えが浮かんできた」そうである。また、続く研究では、うまく進まない日々の後、「或る日、断崖の上を散歩している」と、「不定三元二次形式の数論的変換は非ユークリッド幾何学の変換と同じものである」と、突然アイデアが浮かんできたのだという。もう省略するが、他にも同種のエピソードを挙げている。

彼はこれらの体験を分析し、「突然天啓の下った如くに考えのひらけて来ること」は、「これに先立って長い間無意識に活動していたことを歴々と示すもので」あるとしている。すなわち、意識した長い期間の努力が結果にでず、それが無駄だった、あるいは見当はずれだったと思っているような（無意識的な活動の）時間が過ぎた後に、突然に天啓が下るのだという。

さて、この三段階論を、私は研究の進展における「ポアンカレ三段階論」と呼びたい。ところで、皆さん、注意して下さい。「天の啓示」を得るためには、ただ待っていてはだめなのです。前段階に、寝ても覚めても常に考え続けるという長い意識的活動があることを、くれぐれも忘れないように。

（二〇〇四年一二月二八日）

73　科学の進展における「武谷三段階論」

「ポアンカレ三段階論」は研究の進展の話であったが、科学の進展も三段階を経てなされるという説がある。故武谷三男博士（1911-2000）のいわゆる「武谷三段階論」である。武谷三段階論とは、科学の進展は、認識、実体、本質と表される三段階を経てなされるというもの（「ニュートン力学の形成について」、科学、一九四二年八月号。後に『弁証法の諸問題』所収）。

もう少し詳しく武谷三段階論を見てみよう。先ず、第一の段階は、「現象の記述、実験結果の記述が行われる」現象論的段階。ティコ・ブラーエが天体観測により諸現象を記述した段階にあたる。第二の段階は、「現象が起こるべき実体的な構造を知り、この構造の知識によって現象の記述が整理された法則性を得る」実体論的段階。ケプラーがティコ・ブラーエの天体観測結果を整理して、いわゆる「ケプラーの三法則」を得た段階にあたる。そして、第三の段階は、「任意の構造の実体は任意の条件の下にいかなる現象を起こすかということを明らかにする」本質論的段階。ニュートンの洞察により、ケプラーの三法則が力学的に解釈された段階にあたる。さらに武谷氏は、物理学的認識は「ますますどうなる」というような一直線に進むのではなく、「この三つの段階の環をくりかえして進むのである。すなわち一つの環の本質論は次の環から見れば一つの現象論として次の環が進むという具合である」としている。

武谷氏がこれを論じた一九四〇年代は、物理学分野では原子核物理学の発展期であり、とりわけ中間子理論が進展しつつある時代であった。彼は、過去三〇〇年のニュートン力学の発展の歴史を振り返る中で科学発展の様式を分析し、それを踏まえてさらなる原子核物理学の研究の進展を促そうとした。実際、原子核物理学は、実体論的段階から本質論的段階への移行時代にあたると彼は考えていた。

科学の進展における三段階などと、特に大上段に意識しなくとも研究はできる。しかし、私にとって、科学や研究の進展には武谷氏やポアンカレが指摘したように、質的に異なる段階が存在することを意識するのも大切なような気がする。さて、あなたの研究は今どの段階ですか、そうであれば何をやるべき段階ですか。

（二〇〇五年一月三〇日）

74　いつも不平ばかりですか

いつも不平や不満ばかりを口にする人がいる。そんな人には、「何が気にいらないかは知らないが、いつも不平や不満だらけでは、あなたはちっとも面白くない、つまらない毎日を送っているのですね」と、つい言いたくなってしまう。

委員会などでも、大抵は発言しないのに、提案に対して反対のときにのみ意見を言う人がいる。多くの場合、このような人は、提案の至らない点の指摘や危惧、反対の意見ばかりで、提案に対する評価はもちろん、代案や修正案など、建設的な意見をちっとも出してくれない。委員会をまとめなければならない立場に立つと、このような人には本当にまいってしまう。そんな場面に出くわしたとき、私は、「では、あなたならどのようにするつもりですか」、「その危惧をなくすにはどうしたらいいのでしょうね」と逆に聞くことにしている。

学術雑誌に投稿した論文の査読結果を読むと、大きく二種類の査読者がいることが分かる。一つのタイプは、論文の良いところや新しいところをちっとも評価することなしに、不備や欠点のみを指摘してくるタイプの査読者である。このような査読は、投稿者を discourage するばかりであり、特に経験の浅い若手研究者の発展の芽を摘んでしまうものである。もう一つのタイプは、不備や欠点をきちんと指摘しつつも、できるだけ評価できるところを見つけ、もっと良くするためにはこうすればいいのでは、ああすればいいのでは、と提案を含む査読である。これは、査読の甘い辛いとは、全く異なる次元の話である。

さて、いつも不平や不満ばかりを口にする人（査読者）の、自分自身（自分の論文）への評価はどうなのだろうか。自分への評価も、不平や不満ばかりなのだろうか。そうではないと思うが、バイアスがかかっているのではないかと心配する。私は、他人の悪いところばかり指摘するのではなく、良いところをきちんと認めることが大事なのではと思っている。そうすればその裏返しで、自分の良いところも、至らないところもきちんと正視できるのではないかと思うからである。先ずは、口に出して他人を誉めてみよう。これが自分を正しく評価する第一歩なのである。　（二〇〇五年二月二八日）

75　積み重ねこそが…

人生は短いのであろうか、長いのであろうか。人によって感じ方はそれぞれであろう。しかし、長くとも短くとも、一回きりの人生であることは確かである。この一回きりの人生の中で、自分がどれだけのことを成し遂げられるのか、まだ到着点に達していない身としては、焦ってしまうこともある。

中学校の同級生の話である。昔から彼はとにかく何に対しても意欲的であった。そして今の彼は、すべてが小さいのだけれども、複数の会社を経営する実業家である。たまに同級会で会うと、彼はとても活き活きと暮らしているのが分かる。彼に聞くと、失敗したこともあったが、とにかくくじけずチャレンジし続けてきたのだという。またこれからも、既に持っている幾つかの事業のアイデアを実現しようとしているだという。何ともうらやましい限りである。

さて、うらやましいとも思い、私も見習わなければと思う研究者が大勢いる。例えば、そのときそのときに注目されている分野で、必ずしも華々しい成果を挙げてきたわけではないが、振り返ってみると、後にはその人の足跡が確かに残っているようなタイプの研究者である。これらの研究者の足跡を眺めていると、そこにはその人達のそれぞれの「こだわり」がみえてくる。ある研究者は研究手法にこだわり、ある研究者は一つの現象に、ある研究者は一つの海域にこだわっている。必然的に、彼らの研究は積み重ねであり、長年の研究はあたかも自分の「城」を作っているかのようである。腕に任せ、そのときそのとき話題となっているものに飛びつき、今度はあちら、今度はこちらとテーマを変える研究者もいるが、なんとなく食い散らかしているようで、美しいものではない。

さて、私自身のこだわり、すなわち夢は、このエッセイで何度か登場させた「my ocean」を最後に完成することである。それができたら、こんなに嬉しいことはないだろうと思う。もっとも、完成できないことも分かっているのであるが。なぜなら、研究すればするほど、知れば知るほど、分からないことがたくさん出てくることをこれまでも経験し、そしてこれからも経験するのであろうから。しかし、自分の歩いた道は、きちんと残したいものである。

（二〇〇五年三月三一日）

76　即応するには日頃の準備を

今から二〇年も前、確か中曽根内閣のときであったと思う。我が国の輸出産業の活発化にともない、突出した外貨獲得が世界的な問題となった。政府は稼いだ外貨を少しでも減らすため、政府主導で外国製品を購入する臨時の予算措置を講じた。対象は、一件あたり一千万円以上の設備である。この機会を上手に利用した研究者や機関は、思いもかけず設備を購入することができた。このときの申請は、現場では通知から締め切りまでほんの数日という短いものであった。残念ながら、私はこのような予算措置があろうとは露ほど考えてもいなかったので、この機会を利用することができなかった。

このとき以降、例えば予算が百万円ついたら、あるいは一千万円ついたら、これこれをしようと常に考えておくこととした。最近、年度末ということもあり、急遽まとまった額の予算を執行することが起こった。そこで、これ幸いと申請したところ認められ、無事購入することができた。

上記の例は、ある枠（金額）のもとで、予算執行を迅速に行うというものであったが、似たようなことがいろんな場面で起こることがある。私事であるが、ある学会の賞を頂いたとき、受賞記念講演を二〇分の予定で行うことになっていた。ところが、その前の学会総会が延びに延びてしまった。学会の担当者からは、「済みませんが講演は一五分でお願いします」、しばらくしてまた「一〇分で…」、という連絡が次々と入る。そしてついには、受賞記念講演が一人当たり七分となってしまった。二〇分で準備していた講演であるので、七分での発表は当初の内容と大きく違ったものとなったのは言うまでもないが、さて、私はこの急な変更に、うまく即応できたのであったろうか。

今のあなたの研究を四〇〇字の文章で、あるいは二分間で説明するとどうなりますか。一〇〇〇字あるいは五分間で、四〇〇〇字あるいは二〇分間ではどうでしょうか。長さによって表現する内容は変わるに違いありません。急な事態に即応するためには、日頃からの訓練と準備が必要です。そのときになって慌てふためかないように、様々なことを頭の中で考えておきたいものです。

（二〇〇五年四月八日）

77　デジタルカメラのズームアップ機能

カメラの販売台数ではデジタル式がフィルム式を圧倒しているという。デジタルカメラには、使い切れないほど様々な機能がついている。自動焦点や自動露出などは当たり前、高画素化とズームアップ機能の高倍率化とが売りになっているらしい。消去機能がついたデジタルカメラでは、後でお気に入りの画像だけ印刷することができるので、メモリさえあれば枚数など気にしないで、とにかく写しまくることが使いこなすコツだという。

一方、フィルムカメラでは、マニア向けの一眼レフ高級カメラに高額なズームレンズを取り付けなければ、ズームアップなどはできなかった。当然ながら安い固定焦点型レンズカメラでは、撮影者が動かなければ写真の範囲を制御しようがない。ところがデジタルカメラでは、撮影者が動かなくともズームアップ機能を使って、意図も簡単に対象に迫ってしまう。

ところで、フィルムカメラのときとは違い、デジタルカメラになってから撮影者が動かなくなったと思いませんか。フィルムカメラ時代の昔の話であるが、ある著名な写真家が、いい写真を撮るには、先ずは被写体に近寄ることが大事だと主張していた。とりわけ人物写真では、ここでいいだろうと思っても、さらに一歩近づくことが重要という。

デジタル化の進んでいなかった時代、何かを調べようとするときは、先ず辞書や百科事典、その分野の入門書などから入り、次第に専門書に近づいて、目的とする情報を得ていくのが常道であった。ところが今はどうだろう。すぐ、インターネットの検索ソフトを利用してしまう。検索されたコンテンツは、種々雑多、専門的な解説も、一般向け解説も、正しい優れた解説も、誤ったいいかげんな解説も、たちどころに目の前に現れてしまう。情報の精粗さや、その情報までの遠さ近さの差異が喪失してしまっている。情報の適切な選択が必要といわれる所以である。便利な機能がついたがゆえに、私たち自らが対象に近づくことをしなくなっているのではと、反省も含め、心配しているこのごろである。

（二〇〇五年四月八日）

78　学会は教育の場か否か

私と同時に修士課程を修了した地球物理学専攻の仲間は一〇名であった。当時、同期生の間で奨学金プール制度を作っており、私たちはこれを「コスモス会」と名乗っていた。卒業後、久しく集うような機会もなかったが、同期生の一人が南極地域観測事業越冬隊長に任命されたのを機に、壮行会を兼ねた同期会を一九九八年八月に開催した。以後、二年に一度の割合で開催している。いつも温泉旅館でやるのだが、到着時には、にやけてしまう。コスモスの名前から期待されるような人たちではなく、もうくたびれはてた五〇代のおじさんたちが集まるのだから、旅館の人はさぞやびっくりだろうと。実は、コスモスとは宇宙を意味する「cosmos」からきている。

同期会では近況報告などから始まって、様々なことを深夜まで話し合うのが常である。さて、ある会のときである。教育現場にいる私と、民間企業にいるＴＭ君の間で、学会は教育の場であるかどうかで、大論争となった。ＴＭ君は、本学で博士号取得後、大手Ｋ建設の研究部門に就職した。彼は研究活動を続けるとともに、本の出版や講演などを通して啓発活動も活発に行っている。彼が所属する学会でも重要な役をこなしているらしい。

彼の主張は、学生がまとまってもいない研究を、稚拙な形で学会発表するのはけしからん、学会は教育の場ではない、というものである。実際彼は、そのような講演に出くわしたときには、辛口の質問と感想を言うことにしているらしい。一方、私の主張は、まとまっていない研究を発表するのは問題だが、講演は研究者への成長に必要な経験であるので、学会は温かく見守って学生を育てるべきである、すなわち、学会は教育の場であるというものである。結局、この話は意見の一致をみることなく終わった。しかし、ＴＭ君と私の主張は正反対であるのだが、実は数直線上ではそう大きくかけ離れたものではないと思っている。大事なのは、お互い逆の立場の考えがあることを認識すべきことなのだと思う。

さて、皆さん、学会ではそれなりに完結した研究を、きちんと話すようにしましょう。ＴＭ君のような厳しい目が、いつも光っていますよ。（二〇〇五年四月二八日）

79　お名前は？　―苗字と名前―

最近（五月二五日）の毎日新聞朝刊（宮城地区）に、「お名前は？」と題する牧太郎氏のコラム「キレの良いのが珠にキズ」が掲載された。お互い名前が思い出せないまま道で出会った昔の知人と会話をした際、先方が名前を名乗ってくれたので助かったとのエピソードである。このエッセイは、「名前を忘れることは、中高年にとって『非礼』ではない。（段落）それより、先ず、自分から名乗るのが中高年の礼儀…と初めて知った」と結ばれている。

私の場合、今はもう立派な高年となっているが、昔から人の名前を覚えるのがまったく苦手であった。何度もお会いしているのに名前が出てこないときが、それこそ日常茶飯事である。実際、学会などですれ違ったとき、会釈でもされると、あの人は誰だっけとしばらく悩むはめになる。この場でお願いしておこう。牧氏のエッセイのように、私と会ったときには、どうか名前を名乗ってください。私も名乗ることにしますので。

さて感覚的であるが、映画やテレビで何度も見ている男優や女優、タレントの名前が、特に出てこないようである。しっかりとその人の顔、そして演じた役や、映画名などは思い出すのにである。私とともに高年になった私の連れ合いも、この事情はまったく同じようである。俳優が話題になったときなど、二人でどちらが早く思い出すかを競っているほどである。どうしてとりわけ俳優の名前が思い出せなくなるのか、いつか分析してみようと思っている。

かなり前のある新聞に、音楽家で俳優の谷啓氏のインタビュー記事が掲載された。やはり、知り合いと分かっているのだが、名前が出てこないときの対処の仕方が述べられていた。「えーと、お名前は何でしたっけ」、「嫌だなー、谷さん、忘れてしまったのですか、○○、○○ですよ」、「いやー、○○さん、苗字は覚えていますよ。お名前、お名前の方ですよ」。細部は違っているかもしれないが、大要、このような話であった。なるほど、これはいい手だと思うのであるが、私自身は今まで使ったことがない。勇気ある皆さん、一度お使いになったらいかがかな。

（えっ、私たちはまだ名前を忘れないですって！）

（二〇〇五年五月三一日）

80　野茂投手のトルネード投法

今年の六月一六日（日本時間）、米国大リーグ、デビルレイズの野茂英雄投手が日米通算二〇〇勝目を挙げた。五年間過ごした日本で七八勝、今年一一年目となる米国大リーグで一二二勝である。野球界では、二〇〇勝以上の勝ち星、二〇〇〇本以上の安打をした選手のみが会員となれる名球会があるが、その条件をクリアーしたことになる（でも日米通算の記録でいいのだろうか？）。

野茂投手は、既に日本人大リーガーが過去にいたとはいえ、日本で活躍した選手が、大リーグでも中心となって活躍した初めての日本人である。大リーグ一年目で一三勝を挙げ、最多勝と新人賞を獲得した。その後も、ノーヒットノーランを二回、オールスターゲームの先発投手と、その活躍はすさまじいものである。また、築く三振の多さから、ドクターK（三振のこと）とも呼ばれている。何せ、投球回数以上の三振の数である。今ではほとんど毎日テレビで大リーグ中継を観ることができることとなったが、彼は、日本で大リーグの試合を楽しめるようにしてくれた立役者である。

さて、二〇〇勝を挙げた日のニュースのすべてで野茂投手の偉業がたたえられていたが、夜のスポーツニュースでは、彼の経歴が詳しく紹介されていた。その中に、有名な話らしいのだが、私には知らなかったことがあった。野茂投手は高校を卒業後、社会人野球を経て二一歳でプロ野球に入った。球団は近鉄である。入団したとき、当時の仰木監督への希望が、一つだけあったという。それは、その後トルネード投法と呼ばれるようになった彼独特の投球フォームを、矯正しないことを約束させたのだそうだ。入団契約書の条項の一つにもなっているという。

野茂投手がトルネード投法をいつ編み出したのか、彼個人で作り上げたのか、私は何も知らない。しかし、このエピソードは、当時、野茂投手が自分の投球フォームに、絶対の自信を持っていたことを物語っている。トルネード投法は、まさに彼自身、彼の「型」なのである。野茂投手は今年三七歳迎え、ピークを越えていることは間違いない。それでもトルネード投法で、一つでも多くの勝ち星を挙げて欲しいと願っている。私たちも個人の型を持てたなら、最高である。（二〇〇五年六月三〇日）

81　産医師、異国に向かう…

「3.141592653589793238462643383279」。これはご存知、小数点以下三〇桁までの円周率である。最近（七月二日）、ある日本人が、全部言い終わるまで、五時間以上もかけて、八万三四三一桁の円周率の暗唱に成功したとの報道があった。これは、自身の記録を大幅に書き換える世界新記録だという。すべて「語呂あわせ」で覚えたのだそうだ。

数年前、小学校で習う円周率は、3にするということで、大きな話題となった。確かに、3でも3・14でも、それ以上の桁を使っても、求めた結果は、大して違うわけではない。円の周の長さや面積の計算では、5％程度過小評価となるにすぎない。3でいいのだという賛成派は、この程度での近似で十分用は足りるというのであろう。一方、反対派は、円周率は割り切れる数値ではない、ということを知ることが大切なのだと主張しているのであろう。確かに、後にπ（パイ）なるギリシア文字で表現し、通常の数値ではないことを認識することになる。

さて、冒頭の円周率は、私が覚えている円周率である。中学校時代、ある本にこの語呂あわせが書いてあったので、思わず知らず、覚えてしまった。もっとも、覚えていたからといって、何の得にもならなかった。いや、計算機で倍精度の計算をするとき、何も参照することなくキイボードで打ち込めたことはあったのだが。でも、それだけのことである。ちなみに、知っている方もいるとは思うが、この語呂あわせを記しておく。それは、「産医師、異国に向かう。産後、厄《やく》無く、産婦、宮社《みやしろ》に、虫、さんざん、闇に鳴く」というものである。

語呂あわせで覚えることは、このほか、整数の平方根、年号、元素の周期律表などいろんなものがある。語呂合わせで覚えてもしょうがないではないかとも思うのだが、一旦覚えるといつまでも残ってくれる。皆さん、語呂あわせで覚えている数値ありますか？　今となってはもう私には無理だが、皆さんの柔らかい頭にはまだまだいっぱい詰められるのではないですか。

（二〇〇五年七月二九日）

82　閃きは確率過程

毎週土曜の夕方、職場のある仙台から、連れ合いと娘の住んでいる山形へと車を走らせる。数か月前のこと、FMラジオを聴こうとしてスイッチを入れたとたん、「閃きは確率過程」とか、「閃きはスロープロセス」などというフレーズが聞こえてきた。美味しいカクテルの飲めるバーで、客二人が話している内容を（盗み）聞いているという設定の番組での話である。会話の主は、「私たちの研究では」と話していたので、このようなことを専門に研究している方らしい。

「閃きは確率過程」とは、何度も何度も考える過程の中で、スロットルマシーンで三つの「7」が揃うように（トリプルセブン）、本当にたまたま、まったく偶然に、そして、無意識のうちに「思い至る＝閃く」ことを表現している。だからこそ、閃くためには、何度も何度も繰り返し考えることが重要なのだという。

ところで、閃きは、やはり閃きでしかないので、すぐ忘れてしまうことが多いのだそうだ。そうだからこそ、すぐメモを取ることが重要なのだという。そういえば、枕元にメモ帳を用意しているという研究者の話を聞くことが多い。これは自分のことを考えてもまったくその通りだと思う。後になって、何かいいことを思いついたような気がするのだが、と思うことが実に多い。これは私が年を取ったからということとは、無関係のような気がする。閃きとは、理詰めの思考の結果ではなく、神経回路が何回も試行を繰り返す中で、突然かつ偶然、意味のある回路となることではなかろうか。だから、「はかない」のであろう。

さて、この話、先に書いたポアンカレの「天からの啓示」の話と、まったく同じである。大事なのは、いつ閃くか制御不可能なので、常に、そして繰り返し何度も考えることが重要、ということに尽きる。皆さん、スロットルマシーンでトリプルセブンを出すように、何度も何度も考えてみようではないか。ところで「閃きはスロープロセス」とは、いったいどのような状態を表現していたのだろう。おそらく、閃くまでには長い時間がかかることを指しているのだと思うのだが、何度も考えているのに、未だにちっとも閃かない。

（二〇〇五年八月三一日）

83　辞書は読むもの

研究室の私の机の上には、英和辞典が二冊、和英辞典と国語辞典がそれぞれ一冊ずつの、計四冊がおかれている。本棚の中には、さらに数種類の辞書がある。手に取らない日はないほどこれらの辞書にはお世話になっている。英和辞典の一冊（College Crown）は、高校のときに購入し、もう三五年も使っている年季の入った、それこそ崩壊寸前のものである。語数はそう多くはないが、用例が豊富な辞書として当時推薦された辞書である。英和辞典のもう一冊（リーダーズ）は、発行された辞書の中では最大の約二六万語を収めたものである。

さて、皆さんが書いた英文原稿を手直しすることは、私にとってもっとも大事な仕事の一つである。多大の時間を費やし、ウンウン唸った努力の結晶である研究も、英文論文として公表して初めて人類の共有財産となるのであるから、こちらも自然と力が入る。しかし、原稿に手を入れ始めると、正直、だんだんいらだってくる。おいおい、主語・述語の単数・複数の対応がなっていないぞ、この動詞は自動詞しかないはずだぞ、この単語はここにはそぐわないぞ、ここの論理どうなっているんだ、などなど。皆さん、自信が持てないまま、これでいいやと、英文のポリッシュアップを途中で諦めてはいませんか。

これまで何編もの英文論文を書いているとはいえ、書き進めるときは、私もいまだに辞書と首っ引きになる。先ず、和英辞典で候補となる単語や言い回しを調べ、次に英和辞典を使ってこちらの意図する用法となりうるのかを確かめる。このとき、辞書の用例が参考となる。単に単語の意味ではなく、用例を調べることこそが、正しい英文を書くための第一歩となる。その意味で、「辞書は引くもの」ではなく、「辞書は読むもの」である。

私は持っていないのだが、電子辞書が大流行のようである。研究室でも若い人ほど持っているようだ。さて、電子辞書は既刊の辞書を電子化しただけなので、用例ももちろん入っている。しかし、電子辞書のスクリーンはとても小さいので、用例を読むのには適していないのではないか、などと余計な心配をしている。

（二〇〇五年九月三〇日）

84　それは君、大変おもしろい…

「それは君　大変おもしろい　君　ひとつやってみたまへ」とは、本学生物学科の創設に尽力された故畑井新喜司博士（1876-1963）の口癖であったという。旧浅虫臨海実験所（現浅虫海洋生物学教育研究センター）内の石碑に刻まれている。畑井先生は、熱帯生物の研究に多大な業績を挙げられ、第一五回日本学士院賞を受賞された。学生が恐る恐る自分の考えた研究テーマを先生に相談する。すると先生から、「それは君…」と言われれば、どんなにか勇気づけられたであろう。

私が学会員として日本海洋学会に出席したのは、一九七六年度春季大会からのことである。そのころ、毎回であったかは定かでないが、故宇田道隆先生（1905-1982）も学会に顔を出されていた。宇田先生はいつも最前列に座り、講演が終わると一番に質問をされるのが常であった。その第一声が「いやあ、大変面白い話を聞かせていただきました」であり、そして「ところで…」と続き、質問をされていたのがとても印象的であった。偉大な学術業績を挙げられ、歌人としても著名な先生から、面白い話を聞いたと言われれば、誰もが嬉しかったであろう。宇田先生のこの最初の一言は、どんなにか発表者を勇気づけたに違いない。

さて、この夏、海外で開催された国際学会に出席した院生がいる。ポスター論文の発表では、著名な研究者も含め、予想を超える多くの人たちがきてくれたので、大変いい経験になったという。ただ、日本のある研究者から、「君のその研究は何になるのだ」と問われ、答えに窮したという。ちょっとしょげていたので、私は「その言葉こそ、問うた本人にお返ししたいね、気にする必要はないよ。でも、君の夢を述べても良かったね」と慰めておいた。

進行中の研究に発展性があるのか、それが何かの突破口となりうるのかなどの判断は、誰にとっても大変難しい。まして若い皆さんにとってはそうだろう。皆さんは、とにかくがむしゃらに前へ突き進む、そんな立場でいいのだと思っている。私自身、畑井先生や宇田先生のように、皆さんをいつも勇気づけなければと思う。そうできているかの自信はないが、常にそうありたいものである。（二〇〇五年一〇月六日）

85 研究テーマの競合について

今年、我が国で、実験データの捏造事件が相次いで発覚した。既に名声を得ている研究者をリーダーとするグループ、それも大型予算の付いたプロジェクトで起こったらしい。彼らと同じ研究テーマを持つグループが世界中に多数あり、激烈な競争を勝ち抜かなければその分野の脱落者となる、ついつい研究者倫理に反する行為（実はそれ以前の問題）をしてしまったのだろう。

さて、同じコミュニティの九大のＭＡさんから、だいぶ前に聞いた話である。今から三〇年も前、ＭＡさんが大学院生のときの研究テーマは「二重拡散対流」であったという。ところが、同時期、著名なイギリスの研究者も同じテーマで研究を行っており、論文の発表ではことごとくこの研究者に先を越されてしまい、ちっとも論文を書けなかったそうである。

最近、海洋物理学の分野でも、研究テーマの競合（よく私たちは「バッティング」というが、この言葉、その意味では外国の人には通じません）がよく起こるようになってきた。研究者が以前に比べ相対的に増えたこと、インターネットの普及により情報の速やかな交換が可能となって、問題の所在が短い期間に広く認識されるようになってきたことなどによるものであろう。ところで、コミュニティが何十倍も大きく、学問が成熟している物理学の世界では、研究テーマの競合などは当たり前の状態であるらしい。

さて、自分の研究テーマが、他の研究者と競合していることを知ったとき、どのように対処すればいいのであろうか。私の結論は、「案ずるに足らず」、そのまま、「自分なりに悠々と研究を進めればいい」というものである。自分の研究テーマが、他の人も目をつけた、普遍的で魅力的なテーマであったと、先ずは理解しよう。とはいっても、やはり競争社会であるので、研究は速やかに論文としてまとめるべきです。そして、たとえ先を越されても、自分の結果と相手の結果をきちんと比較すべきです。きっと、皆さんの研究の方に優っている部分があったり、違った視点で見ていたりするものです。その部分をきちんと論文にしましょう。（二〇〇五年一〇月六日）

86　ちりも積もれば、論文となる?

今から二〇年も前の一九八五年のこと、私は毎日夕刻になると、それまでの仕事をやめ、気象庁が発行している「海況旬報」(現在は海洋月報)の海面水温分布を書き写していた。図の上にトレーシング・ペーパーを乗せ、ただひたすら来る日も来る日も、冬の黒潮続流域付近の等温線をなぞっていたのである。

一九七〇年代後半、「世界気候計画(WCP)」が始まった。その柱の一つが「世界気候変動研究計画(WCRP)」である。日本でもWCRPを推進するため、気象や海洋の分野で計画が練られはじめた。私の恩師である鳥羽良明先生は、日本周辺における混合層の研究を提案されており、助手になったばかりの私もその準備の手伝いをしていた。この作業の中で「亜熱帯モード水」の存在を知り、なぜかとても興味が湧いたのである。しかし、当初、故増澤譲太郎博士(元気象庁長官、1922-2000)の先駆的な論文(1969, 1972)があったとはいえ、どのように研究を進めればよいのか、私には皆目検討がついていなかった。そこでまず、亜熱帯モード水の形成域のイメージをつかみたいとの一心から、黒潮続流域における冬の海面水温分布の数十年分にわたる変化を調べ始めたのであった。

図のトレースは三か月も続いただろうか。その後、数百枚に達する「ちりも積もれば山」となった図を、幾つかの観点から考察してみた。それらを研究室の雑誌会で紹介したが、特に論文を書こうとは思っていなかった。しかし、もったいない気持ちも出たので、他の資料も加え、トレースを始めてからちょうど一年半経ったころ、最終的に論文にまとめた。この論文は、投稿後すぐに受理され、カナダの気象海洋学会誌「Atmosphere-Ocean」に掲載された(Hanawa, 1987)。

一つの論文がどのようなプロセスでできたかは、論文の善し悪しにとって何の関係もない。あっという間にできた論文でも素晴らしいものは素晴らしく、逆にどんなに時間を費やした論文でもだめなものはだめなのである。個人的には、多くの労力や時間がかかったような論文に敬意を表したいと思ってはいるが。さて、先の私の論文はどう評価されているのだろうか。

(二〇〇五年一〇月三一日)

87　ワイド画面テレビのワイド画面

神戸出張のため仙台空港に行ったところ、搭乗待合室に、今ではブラウン管型テレビを圧倒しているワイド画面の大型液晶（あるいはプラズマ？）テレビがあった。その画面を見たとたん、地上アナログ波による番組をワイド画面で映していることが分かった。待合室には何台ものテレビがあったが、いずれも地上アナログ波の番組を、同じようにワイド画面で映していた。事情は、到着した関西空港でも同じであった。

私はマンションに引っ越したのを期に、一九七七年製の二〇年近くも使っていたテレビを買い換えた。新しいテレビは、衛星放送も受信できない安いテレビであるが、どういうわけだったのだろうか、ワイド画面のものにした。当初は面白がって見ていたが、しばらくすると映画などを除き、ワイド画面にすることをすっかりやめてしまった。見続けると「美的」感覚が崩れてしまうような気がしたからである。その後、山形の家のテレビもワイド画面型になった。そして、娘が通常番組をワイド画面で見ていると、口を酸っぱくして通常画面モードで見るように促した。その結果、娘も連れ合いも今はワイド画面をほとんど利用していない。テレビでの映画もほとんど見ない私にとって、せっかく購入したワイド画面テレビであるが、まったくその機能を使っていないも同然である。

さて、ワイド画面の縦横比は、9対16である。どうしてこの比なのだろう。この比にどうやって決まったのか、その経緯はちっとも知らない。美術やデザインの世界では、黄金分割とか黄金比と呼ばれる数値がある。1対1.618である。この比率がもっとも美しく、そして人間に安心感をもたらすという。9対16は、1対1.778であるので、3対4（1対1.333）よりはこの比率に近い。ワイド画面の比率を決めた背景にこの黄金分割が関係していたのだろうか。

もともと3対4のテレビ用の番組を、9対16のワイド画面で見るのはやはり不自然である。皆さんも、ご注意を。美的感覚が狂ってしまいますよ。（えっ、私にそんな美的感覚が、そもそもあるのかですって！）

（二〇〇五年一一月三〇日）

88　発表で演じてはいけません

修士・博士論文の発表会では、かしこまって日頃使ったこともないような馬鹿丁寧な口調で発表する人がいる一方で、それが「試験」の一環だということを忘れて、とても親しげに、あたかも仲間内で話すような口調で発表する人もいる。私は、これらどちらにもならないよう適度な緊張感を持ちつつも、普通の言葉使いで冷静に、淡々と発表するようにと、研究室の院生に伝えている。

さて、私が所属する宇宙地球物理学科（地球物理学コース）の四年生は、後期になると、全分野の教員を前にして、「宇宙地球物理学研究発表会」を二回行わなければならない。一〇月中旬の一回目は論文紹介をする人が多く、一月中旬の二回目は（卒業）研究発表をする人が多い。出席する私としては、全ての分野の最新の話を聞けるので、大いに勉強になる楽しい機会である。

この発表会の持ち時間は、発表が一二分、質疑討論が八分である。学会の発表と同じく、短い時間で要領よく論文紹介や研究発表を行う必要がある。論文を読みそれを理解することや、研究に多くの時間を費やすとともに、大部分の学生は発表それ自身の準備にも大変な努力をしている。十分練習を積んだのであろう、多くの学生が立派に発表をこなしている。そんな中、今年一〇月の発表会で、不必要に抑揚を付けたり、不必要に間を開けたりして、そして、身振り手振りなどの仕草が過剰な学生がいた。彼は、あたかも役者のように、発表を演じているのであった。聞いているうち、私自身は次第に不愉快になっていた。

発表会での私たちは、その演技を見て何らかの感情に浸りたい役者を見ている観客ではない。私たちは、発表からその研究の中身を知り、その是非や価値を、冷静に判断したいのである。発表者が、聞き手に情報を伝えたいという情熱を持って発表すべきだというのは、まさにその通りである。しかし、それは演ずることで達成されるのではなく、過剰な「演技」は、かえって聞き手のこのような理解のプロセスを邪魔していることを知るべきである。先に述べたように、発表は、情熱を内に秘めつつも、淡々と行うべきものである。　（二〇〇五年一二月二八日）

89　自分で書く推薦文

担任として大学の研究室を運営することは、当然のことながらいろいろな意味で大変である。実際その立場になって初めてその大変さを知ったことの一つに、皆さんの推薦文を書くことがある。先ず、推薦文を書く機会が実に多いのである。日本学術振興会をはじめとする各種博士研究員（ポスドク）申請書に添える推薦書、就職が決まった企業への推薦書、さまざまな賞への推薦書など、また、分量はずっと少ないとはいえ、奨学金申請のためや、ティーチングアシスタントやリサーチアシスタント申請のためにも推薦文が必要となり、本当に数え上げたらきりがない。

当然のこととはいえ、推薦書には当人の優れた点をできるだけ書いてあげようと思っている。また、現在の様子から、その得意なところを伸ばすことで、その人の今後を期待して書くことも多い。一方で、自分はそうではなかったなとか、自分にはとてもできないなとか、自分と比較して表現することも多い。すなわち、推薦文を書くことは、私自身を見つめる機会でもあるのである。

私の恩師である鳥羽良明先生は、いつもではなかったが、私たちに先ずは自分で推薦書を準備することを要求した。もちろん、私たちが書いた通りではなく、最終的には先生の手が相当程度入っていたものが提出されたと思っているが。私自身はこれまでそのようにしたことはないが、ある意味ではこれはいいやり方だと思っている。皆さんにとって、自分を見つめ、正当に評価しなければいけない機会となるのであるから。そう。一年に一度でいいから、自分で自分の推薦書を書いてみたらどうであろうか。こうは言っても、実際は書くことはないと思うが、少なくとも頭の中でぼんやりとでもいいから描いてみたらどうだろう。きっと自分を見つめるいい機会になるはずである。

さて、私にとって推薦文の内容を考えることも大変なのであるが、輪をかけてこれを大変なことにしているのは、皆さんからの依頼の時期が、大抵締め切り直前であることである。皆さん、推薦書を頼むときには十分時間に余裕を持ちましょう。短い時間では推薦書の出来が悪くなります、とは脅しすぎだろうか。

（二〇〇六年一月三一日）

90　議論や討論にも作法が…

「朝まで…」とか「…タックル」だとか、政治家を交えたテレビの討論番組が多い。視聴率も高いという。しかし私は、そのような番組はほとんど観ないし、政治家同士が議論するような場面に出会うとすぐチャンネルを変えてしまう。別に政治に興味がないということではない。政治家同士の議論や討論が嫌なのである。大声をあげたり、他人の話が終わらないうちに発言し始めたり、時間を沢山使ったほうが得とばかりに、いつまでも話し続けたりする。

最近、海外でも同じような場面に出会った。昨年一二月、ニュージーランドで見たCNNの番組のことである。子供を作らない生き方を推奨している本が出版されたとの報道があった後、いわゆる「識者」が二人出て、賛成と反対の立場から討論していた。驚いたことに、二人とも相手の発言が終わらないうちに発言するし、また、なかなか自分の発言を止めようともしなかった。これでは日本の政治家の討論とまったく同じではないかと、悲しくなった。

先日読んだ本に『人は見た目が9割』（竹内一郎著、新潮選書、2005）がある。その中の記述である（94ページ）。「日本人はわからせようとする気持ちが少ない。テレビの討論番組を見ていても、相手を説得する気があるようには思えない。大声で独白しているだけである。何しろ、数時間費やして、口角泡を飛ばしても、自分の考えを変えた人は一人もいないのだ。誰も説得していないし、誰からも説得されていない。視聴者は、討論者の数だけ、『バカの壁』を鑑賞することになる」。なんという小気味良い表現。正にその通り。議論のための議論、討論のための討論で、その場で説得したりされたりを期待していない。結局、お互い、政治は数の論理と割り切っているのだろう。テレビを見ている地元の有権者だけを意識し、格好をつけているだけかも知れない。

研究者・科学者の議論や討論は、これではお話にならない。最後に、議論して良かったということにならなければいけない。それにはそれなりの、先ずは相手の話をよく聞くという、ごく当たり前のことが守られなければならない。（二〇〇六年二月二八日）

91 「三手の読み」

最近、中学生や高校生による凶悪と言ってもいい事件が、以前よりも確かに多発しているのではなかろうか。とても悲しいことであり、どうしてこんな世の中になってしまったのだろうか、などと考えてしまう。そしてこれらの事件の報道に接すると、とても気になることがある。それは、ときどき「こんなに大騒動になるとは思わなかった」などの感想が伝えられることである。そんな大それたことをすれば、そうなるのは当たり前だろうと、つい言いたくもなってしまう。

プロの将棋棋士に原田泰夫九段という方がおられた。将棋連盟の会長を長く務められた方であるが、残念ながら二〇〇四年に八一歳で亡くなられた。生前、和服姿の原田九段が、背筋をピンと伸ばして、ユーモアたっぷりにテレビ将棋の解説をしていたのが思い出される。原田九段の口癖は「三手の読み」であった。三手の読みとは、「自分がこの手（一手目）を指すと、相手はこの手（二手目）を指すだろうから、さらに自分はこの手（三手目）を指す」ということを予め考えることである。もちろん、三手目を指せば、もっと局面が良くなることが前提であり、「三手の読みができれば有段者」が原田九段の持論であった。

さて、三手の読みは将棋に限らず、いろいろなところに応用すれば有用であり、あるいはしなくてはいけないことであろう。すなわち、自分のやろうとしている行為に対して、相手がどのように反応するのかを考え、それに対して再度自分はどのような対処をするのかを考えることが、肝要なのである。私も後先を考えず、なりふり構わずやってしまうこともあるのだが、やはり、ここは一旦落ち着いて、三手先を読んで行動を始めるべきなのだろう。三手先をきちんと読めるかはどうかはともかく、そう努力するに越したことはないはずである。

皆さん、あなたのふとした何気ない行動が、相手に意図とは異なる取られ方をして、思わぬ波紋を呼ぶこともありますよ。相手を巻き込んで行動するときは、いつでも「三手の読み」ですぞ。（えっ、このエッセイの三手の読みは何ですかって！）

（二〇〇六年三月三一日）

<著者略歴>

花輪　公雄（はなわ・きみお）

1952 年、山形県生まれ。1981 年、東北大学大学院理学研究科地球物理学専攻、博士課程後期 3 年の課程単位取得修了。理学博士。専門は海洋物理学。東北大学理学部助手、講師、助教授を経て、1994 年教授。2008 年度から 2010 年度まで理学研究科長・理学部長、2012 年度から理事（教育・学生支援・教育国際交流担当）。

若き研究者の皆さんへ
――青葉の杜からのメッセージ――
Messages to Young Scientists

2015 年 11 月 11 日　第 1 刷発行
2018 年 2 月 28 日　第 2 刷発行

著　者　花輪 公雄
発行者　久道 茂
発行所　東北大学出版会
〒 980-8577　仙台市青葉区片平 2-1-1
TEL：022-214-2777　FAX：022-214-2778
http//www.tups.jp　E-mail：info@tups.jp
印　刷　社会福祉法人　共生福祉会
萩の郷福祉工場
〒 982-0804　仙台市太白区鈎取御堂平 38
TEL：022-244-0117　FAX：022-244-7104

ISBN978-4-86163-264-8　C0340
定価はカバーに表示してあります。
乱丁、落丁はおとりかえします。